5分钟收纳术

[日] 希亚（sea）/ 著

牛冰心 陈兵 / 译

U0244628

中国青年出版社

律师声明

北京市京师律师事务所代表中国青年出版社郑重声明：本书由日本主妇与生活社授权中国青年出版社独家出版发行。未经版权所有人和中国青年出版社书面许可，任何组织机构、个人不得以任何形式擅自复制、改编或传播本书全部或部分内容。凡有侵权行为，必须承担法律责任。中国青年出版社将配合版权执法机关大力打击盗印、盗版等任何形式的侵权行为。敬请广大读者协助举报，对经查实的侵权案件给予举报人重奖。

侵权举报电话

全国"扫黄打非"工作小组办公室　　　　　中国青年出版社
010-65233456　65212870　　　　　　010-59231565
http://www.shdf.gov.cn　　　　　　　　E-mail: editor@cypmedia.com

图书在版编目（CIP）数据

5分钟收纳术 /（日）希亚著；牛冰心，陈兵译. -- 北京：中国青年出版社，2021.2
ISBN 978-7-5153-6230-4

I.①5... II.①希... ②牛... ③陈... III.①家庭生活-基本知识　IV.①TS976.3

中国版本图书馆CIP数据核字（2020）第217695号

版权登记号：01-2019-4384

5分钟收纳术

[日] 希亚 / 著　牛冰心 陈兵 / 译

出版发行：中国青年出版社
地　　址：北京市东四十二条21号
邮政编码：100708
电　　话：（010）59231565
传　　真：（010）59231381
企　　划：北京中青雄狮数码传媒科技有限公司

策划编辑　张　军
责任编辑　杨佩云 石慧勤
书籍设计　乌　兰

印　　刷：北京建宏印刷有限公司
开　　本：880 x 1230　1/32
印　　张：4
版　　次：2021年6月北京第1版
印　　次：2021年6月第1次印刷
书　　号：ISBN 978-7-5153-6230-4
定　　价：59.80元

本书如有印装质量等问题，请与本社联系
电话：（010）59231565
读者来信：reader@cypmedia.com
投稿邮箱：author@cypmedia.com
如有其他问题请访问我们的网站：http://www.cypmedia.com

序 言

翻开本书的您对家居生活中的哪些方面感到烦恼呢？或者通过哪些方法才能获得更满意的效果呢？

我本人一直从事专职的收纳整理工作。最初，对于客户们总是抱怨"家里的东西太多了""不知道怎样断舍离"等问题而感到困惑不解，因为在实际的工作中我从来没感到过物品过多。众多客户都抱有一种"内心渴望从简的生活，但事实上又难以做到"的矛盾心态，久而久之我也能从工作中体会到这种矛盾的精神负担。

先把是否能够减少房间内物品的问题放到一边。每到客户家中考察，我都会注意到，造成房间凌乱，难以恢复到有序状态的问题关键与物品的数量无关，主要是其他几种原因。如果把马上想要用的物品放在随手可及的地方，而且在使用后随手将其物归原处，简单易行，不会让人产生任何抵触情绪，生活就会有序。作为现实生活中最基本的收纳方法是完全可行的。

本书的内容展现方式为文字和插图结合，对我在整理收纳工作中的所做所感进行了总结。

不同的家庭，房间利用方法的不同导致收纳方法也完全不同，我的工作就是与客户一起寻找答案，并不断地加以改善。整理收纳的工作给我带来无限快乐，现在的我每天都乐在其中。

通过改变房间的利用方法和收纳方法，客户本人自不必说，连其爱人和孩子的生活方式也得到了有效改善。家居生活是全家人的事，家务整理并非靠一人的独自努力就能完成，而是需要家庭成员自立互助，方能顺畅运转。

希望本书能对您有所帮助。

希亚（sea）

049

目录

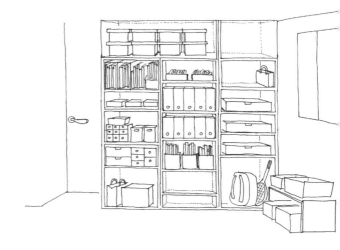

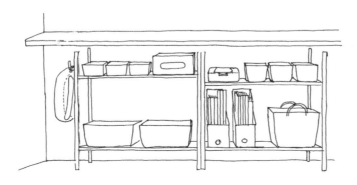

1

不同场景的『整理真传』

客厅、餐厅、厨房等，不同的房间有各自不同的整理要点，传授凝聚15年以上经验的『无须特意学习的整理技巧』。

解决衣物收纳的烦恼

衣物收纳占用空间，推荐"高度分层收纳法"

伴随孩子的成长，衣服数量不断增加，每天大量的待洗衣物散乱在客厅，不断堆积如同"蚁巢"一样，这样的家庭比比皆是。这样的订单也是最多的。那首先就从衣物的管理方法开始讲解吧。

烦恼1

收纳区域不固定，
这里放一点，
那里放一点。

烦恼2

孩子在寝室入睡后，
不整理衣服，
直接放到衣橱里。

烦恼3

衣物过多，
已经没地方收纳……

烦恼4

没时间叠衣服，
即便叠好，也懒得送到
固定的收纳区域

希亚（sea）女士家的收纳案例
衣物收纳篇

在我家里主要以日式壁橱作为衣物收纳区域。为了让丈夫更容易记住衣服放在哪里，将壁橱中最好的位置留给了他。让他觉得收纳并不麻烦，确保轻松流畅的收纳动线。

1 解决方法

将全家人的衣物汇总到一处，"全家人共用的衣柜"。

找不到衣物的最大原因是按照人群及衣服种类分别进行收纳。将全家人的衣服汇集到一处加以管理，可使操作动线变得流畅，减轻因收纳引起的心理负担。无法立即收纳的衣物放在专设的待收纳区即可，这样不会妨碍衣柜的正常使用。

2 解决方法

与孩子同睡一间房的时候，将衣柜放到其他房间。

有很多父母在孩子很小的时候，在寝室里放置一张大床跟孩子一起睡。此时如果把衣物都放在寝室内的衣柜里，回来很晚的丈夫就无法更衣，孩子入睡后衣物也无法整理，很容易造成衣物散放在客厅里的情况。在需要与孩子同睡一个房间的几年中，我们可以在其他房间设置大型衣物收纳区域，以便提高操作效率。

3 解决方法

利用衣柜顶部与天花板之间的空间作为衣物收纳区域。

随着孩子日益长大，衣服数量也会随之增加。"断舍离"成为一种时尚，还有些人因为不会舍弃而感到惭愧。但在此之前有必要检查一下衣物的收纳区域是否真的不够用。容易被忽略的是衣柜上方的空间。如果能有效利用衣柜到屋顶的收纳空间，就不会再为收纳空间不足而烦恼了。

4 解决方法

不要叠放，以挂放为主。

你是否认为衣服必须叠好后才能收起来呢？如果叠衣服本身成为一种负担，那就改成悬挂收纳吧。能够让自己感到轻松的收纳方式才是最好的方式。好多人拘泥于收纳区域的观赏性，在轻松愉悦地收纳同时保持客厅的整洁，更能让人体会到生活的舒适。

利用高处的空间收纳!

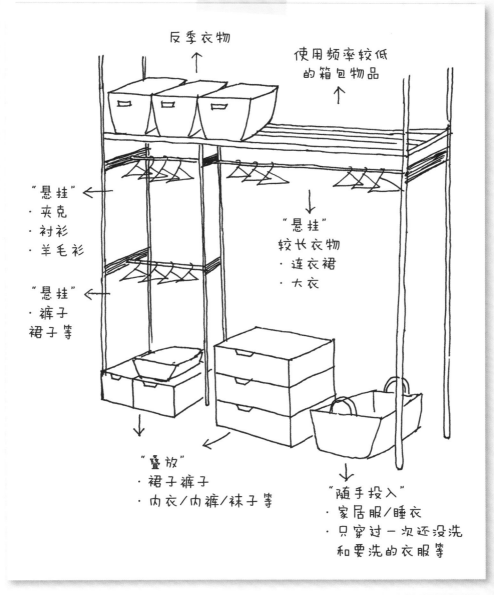

反季衣物

使用频率较低
的箱包物品

"悬挂"
·夹克
·衬衫
·羊毛衫

"悬挂"
较长衣物
·连衣裙
·大衣

"悬挂"
·裤子
裙子等

"叠放"
·裙子裤子
·内衣/内裤/袜子等

"随手投入"
·家居服/睡衣
·只穿过一次还没洗
和要洗的衣服等

别人送给孩子
却暂时不穿的衣服
集中到一处收纳

有小孩儿的家庭经常遇到的烦恼是亲戚朋友送给孩子的衣服不知该收放在哪儿。由于孩子还小暂时用不上，就随便找个地方收起来，结果放在哪里自己也记不起来，有时还没来得及穿就已经不合适了。为此烦恼的人数之多出乎意料。那么，别人送的衣服该如何收纳呢？

烦恼 1
每次收到别人送给孩子的衣服就会塞到空闲的地方

烦恼 2
衣服大小参差不齐收纳劳神费力

烦恼 3
即便不索取孩子的衣服也在不断增加

1 解决方法

收纳空间中设置"赠送衣服专区"

别人什么时候送衣服、送多少衣服事先难以预测。与其四处寻找空间散乱存放，不如直接设置一个"赠送衣服专区"，并与孩子日常穿的衣服分开。赠送衣服专区内，为每个孩子准备一只大织布箱，使用"大宝""二宝"简单的区别方式即可。衣服收纳必须做出最基本的"取舍"判断，然后再放入孩子的个人专用箱。

2 解决方法

与其按照衣服大小和季节分类不如按照孩子个人大致区分

不同尺寸的春夏和秋冬用装，按照大小和季节分别加以收纳的方式，乍一看觉得不错，实际上分类越细致就越需要花费时间和精力去管理，每次收到衣服后进行分类收纳也非常麻烦。衣服的大小和薄厚在使用时确认即可。因此按照个人衣服进行分类会省去不少麻烦。

3 解决方法

如果衣服数量已经超出存放空间的容量，就需要针对其必要性做相应处理

如果赠送的衣服已经超出专用区，就证明处理衣服的时机已经到来。这是整理衣物的大好机会，换个心情对所有赠送的衣物重新分类吧。可以分为保留衣物和处理衣物两类。通过对所有赠送衣服进行查看，没准还能找出被遗忘的衣服。

衣物换季时，
过季的衣服
从收起变为替换

每次只把想要的衣服翻出来穿，在不经意间就会与过季的衣物混在一起，让找和收都成为负担，结果洗好的衣服在客厅不断积攒。这是过季衣物的收放区域及收放方式不当造成的。

烦恼1

一想起"衣服换季"就郁闷

烦恼2

与现在穿的衣物收放到不同的房间

烦恼3

忘记了放在哪里，每到换季时找衣服如同寻宝。

希亚女士家里的收纳案例
储物空间

我家的物品比较少，在桌边定做的柜子里，放了一些漏网的反季衣物及使用频率较低的物品。无印良品的文件夹在这里也可以发挥大用途。

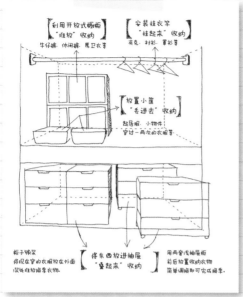

【利用开放式橱柜 "堆放" 收纳】
牛仔裤、休闲裤、厚卫衣等

【安装挂衣竿 "挂起来" 收纳】
T恤、衬衫、罩衫等

【放置小筐 "塞进去" 收纳】
起居服、小物件、穿过一两次的衣服等

椅子哪架
将现在穿的衣服放在外面
深处堆放摺季衣物.

将东西放进抽屉里
"叠起来" 收纳

用两个浅抽屉柜
前后放置收纳衣物
简单调整即可完成摺季.

1 解决方法

篮筐收纳及悬挂收纳
都会让心情变得轻松

衣物换季时感到巨大压力的人基本上是平时不擅长收纳的人。首先，请从叠放衣物的束缚中解放自己。穿过一次的家居服可以直接扔到专用篮筐里。还可以使用伸缩晾衣杆增加挂衣服的空间，晾干的衣服可直接挂到收纳空间中。

2 解决方法

只将小容量的两个衣柜前
后更换，便可完成衣服换季

一到换季时，大部分衣物都会被翻出来，过季衣物装到收纳箱里，放入防虫剂。这种耗费精力的更换方式造成极大的心理负担。如果有纵深较深的壁橱，那么买两个小容量的衣柜，一个夏季用，一个冬季用，每当衣服需要换季时，只需将两个衣柜前后调换一下就可完成换季衣物的替换工作。

3 解决方法

使用开放架变成
看得见的收纳方式

衣橱和壁橱是收纳过季衣物最适合的空间。外侧利用伸缩晾衣杆悬挂衣物，内侧设置开放架叠放衣物。将衣橱和壁橱特意做成看得见的收纳柜，衣物管理就会变得更加容易。开放架空间有富余时，平时穿着的衣物也可以收纳在里面。

客厅设置『不会散乱』的玩具收纳处

在父母的引导下分类整理玩具

玩具总是散乱在整个客厅来不及收拾，这样的场景在很多家庭经常见到。一直到上小学前，玩具数量都会不断增加。为了培养孩子自己整理的习惯，需要父母引导孩子，在玩具总量和收纳方式上加以控制。

烦恼1

即便反复整理，瞬间又散乱一地。

1 解决方法

家长带着孩子一起给玩具"分类"

很多家庭都苦于玩具散落客厅，来不及收拾便再次弄乱。学龄前的孩子会拥有很多玩具，家长要注意引导孩子，使其养成收拾东西的好习惯，并控制好玩具的数量与收纳规律。

烦恼2

孩子总是抵抗："全部都要！不可以扔掉！"

客厅里玩具四处散乱

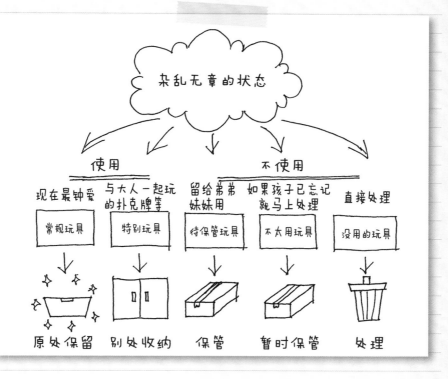

杂乱无章的状态

使用   不使用

现在最钟爱   与大人一起玩   留给弟弟   如果孩子已忘记   直接处理
       的扑克牌等   妹妹用   就马上处理

| 常规玩具 | 特别玩具 | 待保管玩具 | 不太用玩具 | 没用的玩具 |

原处保留   别处收纳   保管   暂时保管   处理

2 解决方法

**让孩子兴高采烈地
参与到收纳分类中**

提起玩具减量，对孩子而言最为重要的东西被夺走会使他们感到不安。不要对孩子说"玩具太多了必须得减量。决定吧，哪个不要了。"尽量采取引导孩子，用让孩子对变化感到兴奋的方式说，"因为小孩需要更大的空间玩，你看哪个是最喜欢的玩具，我们把它放在最方便取的位置上吧。"在以父母视角分类的基础上，让孩子也参与进来，通过精心挑选，留下的都是使用中的常规玩具。父母视为"不太用"的玩具，当孩子又想起来玩时，可以翻出来再放回原来的位置。

灵活利用又便宜又能装的整理盒

随着孩子的成长，玩具不断增加，采取添置篮筐的方法虽然可以暂时解决问题，但篮筐也迟早会达到空间的极限。客厅内专门放置玩具的地方虽然不会是永久的，但是如果能够有固定存放玩具的区域，那么未来几年里就可以减缓由于乱放玩具而产生的烦躁。

烦恼 3

不知
该把散乱的玩具
放在哪里好。

烦恼 4

哪怕是一点一点也好，
希望孩子能够记住
如何整理。

3 解决方法

**为玩具
选择匹配的玩具箱**

即便对玩具总量加以严格控制，也还会有不方便收纳的情况。例如玩具尺寸和收纳箱型号不一致。"塑料铁路"等玩具的零部件体积大、数量多，而收纳箱子过小则难以完全装入。市面上的儿童玩具多数体积较小，选择类似于颜料盒那样的有大致分区的收纳箱非常适合。

玩具区域收纳范例

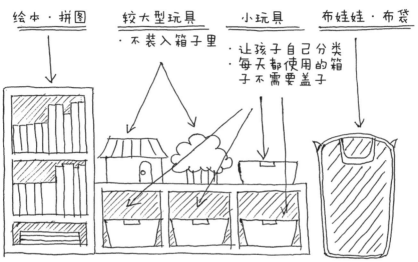

绘本·拼图

较大型玩具
· 不装入箱子里

小玩具
· 让孩子自己分类
· 每天都使用的箱
  子不需要盖子

布娃娃·布袋

〈开放架〉　〈开放架里的箱子为架高的一半〉　〈网格篮筐〉

· 看得到箱子里面，方便找东西　· 直接放进去即可
· 箱子上方有空间，不必移动箱
  子即可整理.

4 解决方法

**只需放进去，
便实现了收纳。**

为了能让孩子更方便地看到箱子里的东西，塑料箱子的高度为架高的一半，只需把玩具放进箱子里，孩子专用的收纳空间就整理好了。塑料箱不需要盖子，要点是分类无须过细。容易整理的收纳，能让玩也变得更加容易。这样，即使散乱也能够马上整理好。

使用才更有效率

属于孩子的空间应如何分配

把婴儿用品
集中到客厅

婴儿期

产后的家庭生活会立刻变为以孩子为中心。母子的生活空间基本上是白天客厅夜晚寝室。随着孩子的成长，活动范围的逐渐扩大，需要确保客厅的玩耍空间及设置一些安全措施，其实这个时期的婴儿用品相对来说还是少量的。

烦恼1

婴儿入睡后，
不敢进入寝室
使用衣柜。

烦恼2

孩子自己
在房间内乱动，
如何确保孩子的安全。

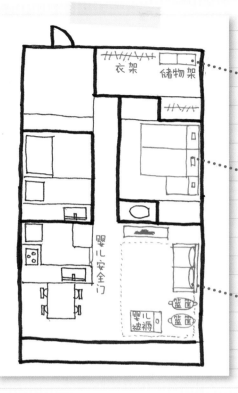

衣架　储物架

将来的儿童房

- 设置储物架（放置别人赠送的衣服、玩具、水、尿不湿等物品）。
- 也可以用来收放大人的衣服。

一家人的寝室

- 与孩子同居同寝，所以夜晚进出寝室会受到限制。

婴儿安全门

客厅

- 仅留下必要的婴儿用品，集中放在篮筐里。

篮筐　篮筐
婴儿被褥

1 解决方法

把衣柜
移动到未来的儿童房

如果爱人下班晚归，或早上准备出行时换衣服不方便，衣物就容易堆积到客厅或其他的房间中。主衣柜如果放在寝室，建议最好在孩子出生后将其换到其他房间。考虑到今后育儿用品还会增加，同时有必要事先做个储物架。

2 解决方法

站在厨房
能够清楚地看到婴儿

等婴儿大一点，会四处走动时，尽可能地让空间开阔一些。由于小孩还离不开大人，在厨房里能够看到小孩的动向才会感到安心。孩子对感兴趣的东西都要摸个遍，可以设置安全门防止小孩进入，或者把不想让小孩碰到的物品移到其他房间。

在客厅里设置
小孩专用的玩具架

从婴儿期步入到幼儿期，除了育儿用品，孩子的玩具会不断增加。同时，也会不断积攒在幼儿园或其他地方制作的儿童作品等具有纪念意义的物品。这个时期，孩子的储物空间成为必要空间，所以可以尝试充分利用孩子将来的儿童房。

烦恼 1

玩具
散乱在客厅各处

烦恼 2

眼看着孩子的玩具
不断增加

1 解决方法

稍加用心
整理玩具的收纳区域

玩具迅速增多，仅靠添置篮筐加以收纳的办法已经达到了极限。玩具散乱在客厅四处，如果对玩具整理工作感到吃力，就有必要改善收纳。将绘本架和玩具架集中到一个地方，使用地毯垫划分区域，散乱范围便能在一定程度上得到控制。小孩总是喜欢在父母的身边玩耍。玩具区设置在父母常在位置的视野范围内最为理想。

将来的儿童房

· 储物架设置在这里。
· 逐渐增多的小孩衣物也可收纳于此。

全家人的寝室

· 由于全家人都在这里休息睡觉，晚间进出房间会有所不便。

客厅

· 当小孩能够在房间里四处走动时，便可以设置玩具架。
· 家具的摆放位置应确保从沙发及厨房处都可以看到小孩。

玩具架

绘本架

②解决方法

利用将来的儿童房作为存储间

饮用水、尿不湿及婴儿用品等，还有急速增加的玩具以及别人赠送的孩子衣物、小孩的手工作品、布娃娃、武士人偶等都需要保管。这时可以考虑使用储物架。只需准备带有一定高度的不锈钢支架，再根据收纳的物品搭配合适的架板即可。因为儿童房将来总有一天要利用起来，所以与其临时放置一些家具，还不如让空间发挥更大的作用。

发挥儿童房本身的功能，
把客厅还给一家人共同使用

孩子一旦进入小学，很多家庭便会专门设置儿童房。实际上这个时期也的确是房间功能的最大变革期。被孩子用品占领的客厅能否变为家人的共享空间，儿童房里的储物柜应该如何做好收纳，都是决定房间功能性大幅度改革的因素。

烦恼 1

为了庆祝孩子入学，
是否应该添置一台
孩子用的学习桌。

烦恼 2

差不多到了
与孩子分开睡觉的
时期……

1 解决方法

不必为了迎合入学
而勉强添置学习桌

虽说孩子进入小学后父母更关心如何营造良好的学习环境，就我个人观点，没有必要刚一上学就同时购买学习桌。在小学的低年级，有很多作业都需要父母的支持和帮助，最好在客厅或者餐厅共建良好的学习气氛及环境。

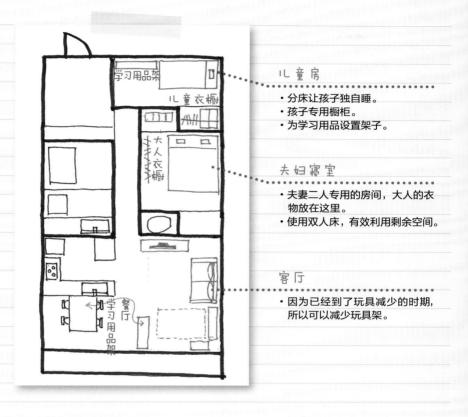

儿童房

- 分床让孩子独自睡。
- 孩子专用橱柜。
- 为学习用品设置架子。

夫妇寝室

- 夫妻二人专用的房间，大人的衣物放在这里。
- 使用双人床，有效利用剩余空间。

客厅

- 因为已经到了玩具减少的时期，所以可以减少玩具架。

2 解决方法

移动床铺让空间一分为二功能增倍

设置床和学习用品架，"将来的儿童房"即将成为孩子的专用房间。将孩子衣物放在这个房间，大人衣柜移动到夫妇的寝室。储物架移动到夫妇寝室的另一个橱柜里。结合家人生活的变化调节家具位置，能让房间自身的使用方法不断进化。

餐厅的多元化使用方法

拓展餐厅的各种可能性

一般家庭都是以餐厅为生活中心。围绕着餐桌吃饭、做家务，孩子们在这里做作业，大人在这里办公……所以，物品放置过多会导致餐厅作用不均衡。让我们来改善餐厅的使用方法，让餐厅变得更加灵活，更有效率。

餐厅的功能和物品 1

用餐

餐厅最基本的用途是用来吃早餐和晚餐。餐桌上摆放调味料、筷子、纸巾等，用餐时需要的物品都摆在容易拿到的地方。

餐厅的功能和物品 2

孩子学习

将餐厅作为孩子学习的场所是最好的选择，这样在厨房忙碌的父母同时还能监督孩子学习。但是小朋友直接将书包带到餐厅中学习，习题卷纸、学习用具，还有橡皮屑等容易散落在餐桌上。

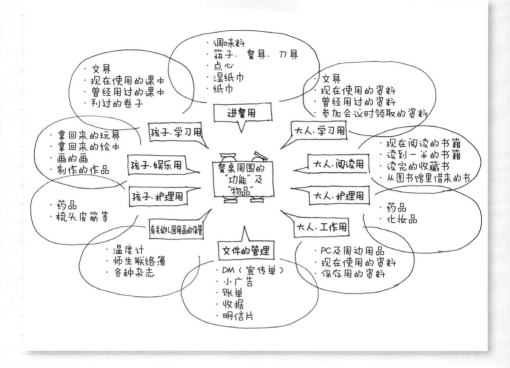

餐桌周围的"功能"及"物品"

进餐用
- 调味料
- 筷子、餐具、刀具
- 点心
- 湿纸巾
- 纸巾

孩子·学习用
- 文具
- 现在使用的课本
- 曾经用过的课本
- 判过的卷子

孩子·娱乐用
- 拿回来的玩具
- 拿回来的绘本
- 画的画
- 制作的作品

孩子·护理用
- 药品
- 梳头皮筋等

有关幼儿园用品的保管
- 温度计
- 师生联络簿
- 各种杂志

大人·学习用
- 文具
- 现在使用的资料
- 曾经用过的资料
- 参加会议时领取的资料

大人·阅读用
- 现在阅读的书籍
- 读到一半的书籍
- 读完的收藏书
- 从图书馆里借来的书

大人·护理用
- 药品
- 化妆品

大人·工作用
- PC及周边用品
- 现在使用的资料
- 保存的资料

文件的管理
- DM（宣传单）
- 小广告
- 账单
- 收据
- 明信片

餐厅的功能和物品 3

大人工作的地方

餐厅是夫妻在家中办公的首选之地。餐桌容易摆放笔记本电脑、平摊资料、文具等，周围还可以堆积物品。

餐厅的功能和物品 4

大人的活动

及腰高的餐桌便于叠衣服或熨烫衣物。也时常会把需要洗的衣服暂时挂在椅背上或者临时放置看到一半的杂志……更是一不注意就放置常用药品和化妆品的地方。

餐厅收纳
与纸质垃圾

餐厅里最容易积攒的并不是药品、零食和调味料。仔细观察就会发现，最容易积攒的其实是各种信函、联络簿、账单、收据等纸质资料。可以说能否对这些资料加以有效的整理收纳直接决定了餐厅生活的舒适度。

烦恼1
想让餐厅里的
纸质垃圾消失得
无影无踪

烦恼2
被纸质垃圾
埋没的餐厅

1 解决方法

**并不需要彻底清除，
在总量上加以控制即可。**

餐厅作为用餐、家务、工作、学习等场所，排除一切纸质资料是不现实的。既然如此，可以考虑预先设置收纳空间，对纸质资料的总量加以严格控制以保证不超出这个空间容量。

2 解决方法

**纸质资料管理
分三步进行**

首先，将无关紧要没有收藏价值的信封及宣传类资料立刻扔进垃圾箱。其次，浏览信函资料后马上判断保留或是扔掉。然后对需要保存的资料按照用途大致分类后装入相应的文件夹，再将文件夹装入文件箱。如果文件箱近乎超载，就需对文件夹再次进行分类处理。

三步式文件管理

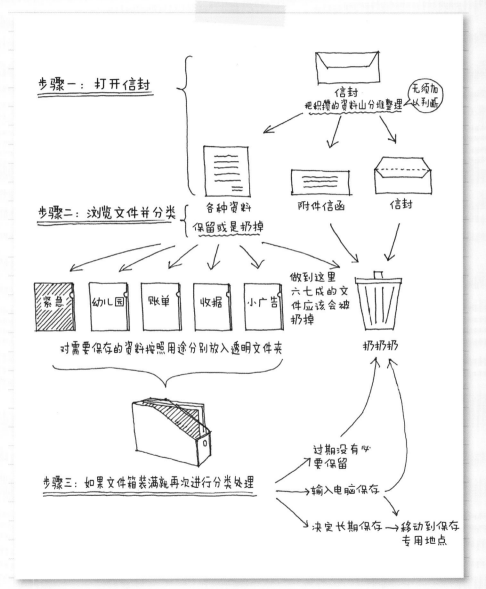

步骤一：打开信封

信封
把积攒的资料山分堆整理

无须加以判断

步骤二：浏览文件并分类
各种资料
保留或是扔掉

附件信函

信封

紧急   幼儿园   账单   收据   小广告

做到这里六七成的文件应该会被扔掉

扔扔扔

对需要保存的资料按照用途分别放入透明文件夹

步骤三：如果文件箱装满就再次进行分类处理

过期没有必要保留

输入电脑保存

决定长期保存 → 移动到保存专用地点

把杂乱无章的物品
分类摆放到吧台下面

餐厅里容易堆积各种各样的物品。首先应对是否需要
留在餐厅的物品进行划分,留下的物品可以放在吧台下
方,充分利用收纳空间发挥奇效。仅仅是给各类物品配
上专用席,餐厅就能意想不到地瘦身成功。

想要有效地利用吧台下方收纳,切记空间要留有余量。

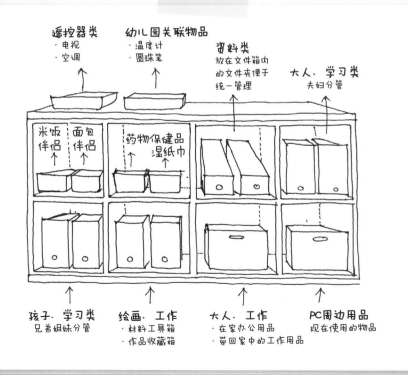

遥控器类
·电视
·空调

幼儿园关联物品
·温度计
·圆珠笔

资料类
放在文件箱内
的文件夹便于
统一管理

大人·学习类
夫妇分管

米饭伴侣   面包伴侣

药物保健品
湿纸巾

孩子·学习类
兄弟姐妹分管

绘画·工作
·材料工具箱
·作品收藏箱

大人·工作
·在家办公用品
·带回家中的工作用品

PC周边用品
现在使用的物品

压缩餐厅的功能和物品

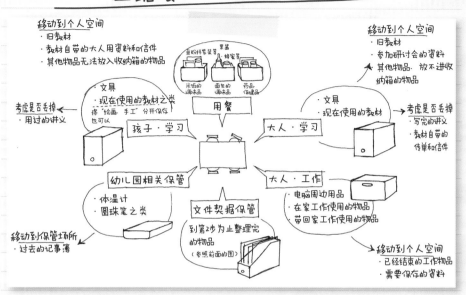

移动到个人空间
· 旧教材
· 教材自带的大人用资料和信件
· 其他物品无法放入收纳箱的物品

移动到个人空间
· 旧教材
· 参加研讨会的资料
· 其他物品·放不进收纳箱的物品

考虑是否丢掉 ←
· 用过的讲义

文具
· 现在使用的教材之类
将"绘画·手工"分开保存
也可以

用餐

文具
· 现在使用的教材

孩子·学习

大人·学习

考虑是否丢掉
· 写完的讲义
· 教材自带的传单和信件

幼儿园相关保管

大人·工作
· 电脑周边用品
· 在家工作使用的物品
· 带回家工作使用的物品

· 体温计
· 圆珠笔之类

文件契据保管
到第2步为止整理完
的物品
（参照前面的图）

移动到保管场所
· 过去的记事簿

移动到个人空间
· 已经结束的工作物品
· 需要保存的资料

餐厅收纳配置图

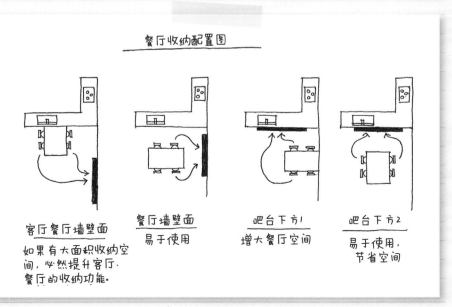

客厅餐厅墙壁面
如果有大面积收纳空间，必然提升客厅·餐厅的收纳功能。

餐厅墙壁面
易于使用

吧台下方1
增大餐厅空间

吧台下方2
易于使用，节省空间

认识厨房的收纳区域

厨房是容易造成物品
种类和数量堆积的地方

厨房是最容易集中物品的地方。食材、餐具、洗涤用品、料理器具等都会顺手塞到腾出来的空地，周而复始，不知从什么时候起厨房就成了"无人管理地带"。为了防止这种情况发生，首先应对物品进行分类，其次决定收纳的规则。

烦恼 1

对调味品等的数量及种类无掌控，重复购买同样的物品。

1 解决方法

为了弄清厨房物品的情况，
先进行一次"盘点"。

即便是非常认真的主妇也难以完全记住厨房各个角落里收纳了什么。可以说这是导致厨房里容易堆积各种物品的原因，也正因如此，正确把握厨房里的物品及物品数量非常重要。可以先把"必须断舍离""一定要彻底清理"的想法暂且放在一旁，首先从厨房盘点开始。

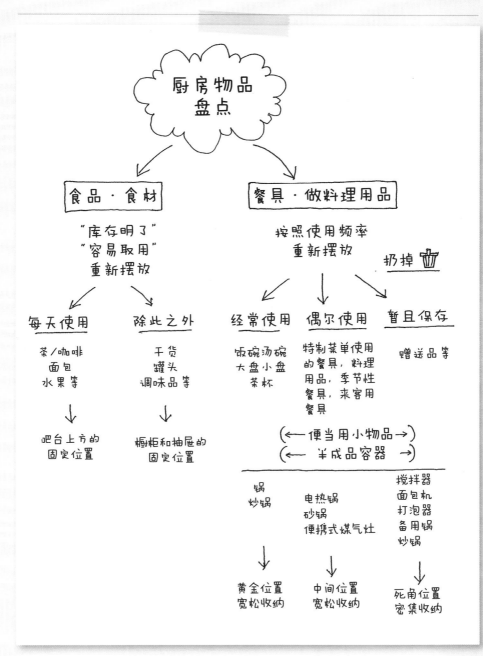

厨房物品
盘点

食品·食材

"库存明了"
"容易取用"
重新摆放

每天使用

茶/咖啡
面包
水果等

↓

吧台上方的
固定位置

除此之外

干货
罐头
调味品等

↓

橱柜和抽屉的
固定位置

餐具·做料理用品

按照使用频率
重新摆放

扔掉

经常使用

饭碗汤碗
大盘小盘
茶杯

偶尔使用

特制菜单使用
的餐具，料理
用品，季节性
餐具，来客用
餐具

暂且保存

赠送品等

(← 便当用小物品 →)
(← 半成品容器 →)

锅
炒锅

电热锅
砂锅
便携式煤气灶

搅拌器
面包机
打泡器
备用锅
炒锅

↓

黄金位置
宽松收纳

↓

中间位置
宽松收纳

↓

死角位置
密集收纳

把握厨房收纳的黄金位置

对于容易堆积物品的厨房，定制的橱柜可以有效地发挥收纳效果。但是由于橱柜本身容量大，本应该便于收纳的空间反而成了"难以整理的陷阱"。厨房收纳根据类型的不同，收纳的特点也不同，下面就讲述一下各自的特征。

烦恼 **2**

厨房橱柜里侧的餐盘不便于取用

2 解决方法
厨房收纳
尽可能地利用黄金位置

最近的主流厨房大都纵深较长。带拐角的U形和L形厨房，到拐角处由于纵深过长手不易伸到最里面，这就是所谓麻烦的特点。一旦放置物品后就难以再取出来，因为藏在里面看不到，就会造成忘记这个物品的存在。但是不常用的物品或别人送的餐具放在这里就能有效地利用空间。灶台、水槽下方、伸手就能触到的吊柜下层等都是收纳的黄金位置，最适合放置常用的锅、碗、厨房用具。

希亚（sea）女士家里的收纳案例
餐具柜篇

虽说我家餐具数量不多，但也依然在各层隔板留下了足够的空间。这样哪里放了什么餐具一目了然，方便取用。

分析各种厨房类型的黄金位置和死角位置

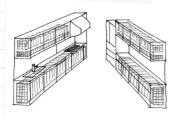

Ⅱ形　收纳容量大，黄金位置大，稍微用心就能够轻松收纳。

U形　有两处拐角，死角地带大，多加用心才能够有效使用黄金位置。

L形　拐角处是死角地带，如何有效利用是关键。

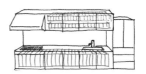

I形　黄金位置大，使用方便，整体的收纳容量小，需要另设餐具柜等。

 黄金位置

 死角位置

让厨房周围的用品找到适合自己的区域

厨房看起来杂乱的原因之一是利用率不高的物品一直放在吧台或餐桌上。那么，为什么频繁使用的空间会放置一些长期不用的物品呢？

烦恼 3

餐桌及吧台上杂物过多造成可用面积减少

3 解决方法

沿着动线对经常使用的物品设置固定位置

例如可将每天早餐吃的面包、香蕉、咖啡和茶水，成套放入篮筐里，不仅便于移动，也可让采买一目了然。将筷子和汤匙等使用频率高的餐具放到易于取出的浅型抽屉里，锅和炒锅也放到伸手就能触到的地方以便提高效率。越是经常使用的物品越应放在前面，在频繁使用的空间里不要放置物品。找到各种物品最适合的位置是厨房轻松收纳的关键。

希亚女士家里的收纳案例
盥洗台篇

洗手池下方只放置了厨房用洗涤剂及备品、抹布、压力锅等几样物品。多腾出富余空间能使收纳更容易管理，清理也变得简单。

在易于使用的区域放置
使用频率高的物品

厨柜收纳范例

最上方死角可以放
置带手柄的盒子

用盒子分割空间
调味料及干物等竖立
放置易于收纳

抽屉收纳范例

餐具

刀叉

箩筐·不锈钢盆·
保鲜膜·洗涤剂

饭盒用物品
锅·炒菜锅

水槽下方收纳范例

保鲜膜·塑料袋·洗涤剂

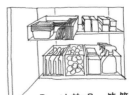

锅·炒菜锅·箩筐·不锈钢盆

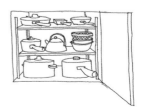

吧台收纳范例

日常
食品 ｜ 面包·水果
茶叶·咖啡

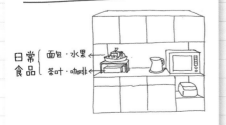

盥洗室内为家人创造属于自己的空间

在有限的空间里
首先处理好容易整理的物品

虽说不如厨房物品数量多，盥洗室也是容易堆积物品的地方之一。家人各自的洗护用品及库存，用了一半闲置的试用装，衣物类洗涤剂，浴室用洗涤剂，每天使用的物品和并非每天使用的物品混放在一起，没有物品放置的规则。

烦恼1

洗脸池周围堆满了物品，无从下手收拾。

1 解决方法

制作盥洗室里的物品清单

即便每天使用的护理用品及日常摆放在洗脸池周围的物品，也需要专人专用加以分开。库存用品可集中收纳在洗衣机上方的空间或洗脸池下方的空间。用于浴室等的清扫用具可集中放到洗脸池下方的空间进行管理。

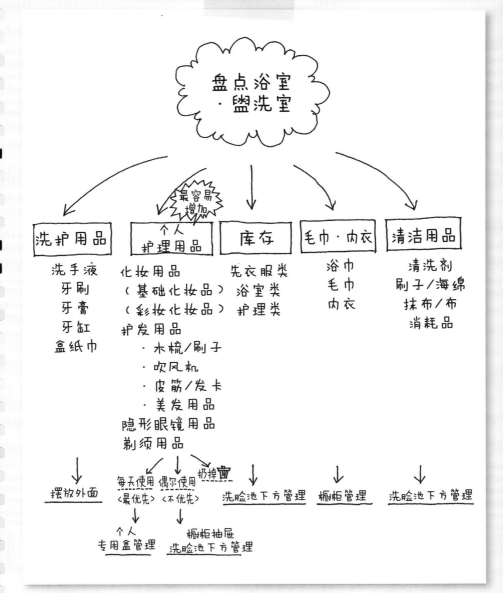

盘点浴室·盥洗室

洗护用品
洗手液
牙刷
牙膏
牙缸
盒纸巾
↓
摆放外面

个人护理用品 〈最容易增加〉
化妆用品
（基础化妆品）
（彩妆化妆品）
护发用品
· 木梳/刷子
· 吹风机
· 皮筋/发卡
· 美发用品
隐形眼镜用品
剃须用品

每天使用 〈最优先〉
↓
个人专用盒管理

偶尔使用 〈不优先〉
↓
橱柜抽屉
洗脸池下方管理

扔掉🗑

库存
先衣服类
浴室类
护理类
↓
洗脸池下方管理

毛巾·内衣
浴巾
毛巾
内衣
↓
橱柜管理

清洁用品
清洗剂
刷子/海绵
抹布/布
消耗品
↓
洗脸池下方管理

创造家人的专用空间，让物品管理更加方便快捷

化妆用品和剃须用品等容易聚集在盥洗室。很多人试图依赖精细分隔的收纳盒，这种做法NG（不好）。无法重复使用，取用不便等会导致本用来收纳，实际反而加速物品在洗脸池周围散乱分布的现象发生。所以选择容量适中，与空间大小匹配的盒子才是正确的方法。

烦恼 **2**

盥洗室的收纳难以得到有效利用

2 解决方法

选择"浅型"收纳盒不会失败

洗脸池周围很容易弄脏，所以只摆放洗手液、牙具等最低限度的物品便于清扫。洗衣机上方的收纳空间只用于放衣架、洗衣液等洗衣相关用品。为个人用品配上各自专用的收纳盒，并控制物品的收纳容量，可避免物品堆积，从而保证顺利收纳。

希亚女士家里的收纳案例

盥洗室篇

洗衣机上方，衣架和洗衣液分别装在不同的篮筐里。丈夫的内衣和替换的毛巾也放在这里。化妆品分别精细地装在无印良品的小盒子里。

深型抽屉收纳范例

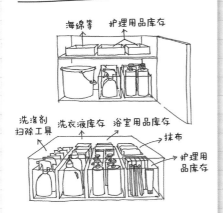

海绵等　护理用品库存

洗涤剂
扫除工具　洗衣液库存　浴室用品库存　→抹布

→护理用品库存

洗脸池周围收纳范例

洗手液和牙刷用品等

个人用品盒子收纳范例

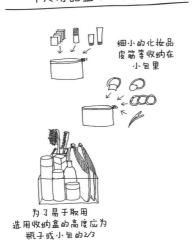

细小的化妆品
皮筋等收纳在
小包里

为了易于取用
选用收纳盒的高度应为
瓶子或小包的2/3

洗衣机上方收纳范例

衣架　　带夹子衣架

洗衣液毛巾

洗衣网

采用一元化管理的储存空间

集中把季节性家用电器及时放入储存空间

总是找不到东西的人可能是因为无法决定什么东西应该放入储藏间。储藏间即便本来不大，花费心思也能够收纳大量物品。在开始收纳前，首先对家里的季节性家电和度假用品等做出整理清单。

烦恼1

每年都无法顺利找出正月用的装饰品和装饰娃娃

1 解决方法

不经常使用的物品放在储藏间里，进行一元化管理。

需要进行一元化管理的物品包括季节性用品、度假用品等使用频率低的物品和使用时间有限定的物品、笨重的物品。孩子将来使用的衣服及可以回收的报纸等也可以放在这里。大米和水等放在储藏间里会更便于管理。

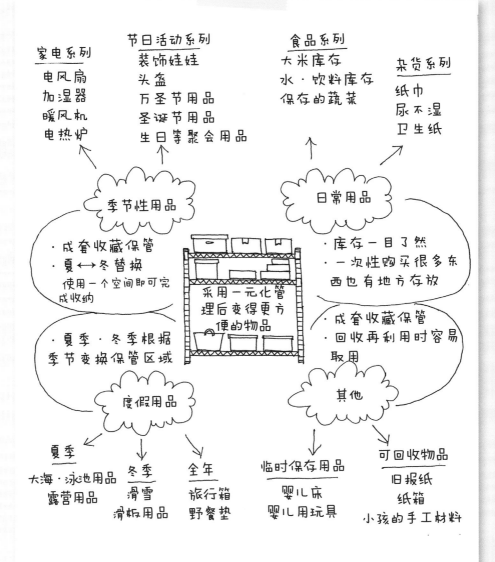

家电系列
电风扇
加湿器
暖风机
电热炉

节日活动系列
装饰娃娃
头盔
万圣节用品
圣诞节用品
生日等聚会用品

食品系列
大米库存
水·饮料库存
保存的蔬菜

杂货系列
纸巾
尿不湿
卫生纸

季节性用品
· 成套收藏保管
· 夏←→冬替换
使用一个空间即可完成收纳

· 夏季·冬季根据季节变换保管区域

采用一元化管理后变得更方便的物品

日常用品
· 库存一目了然
· 一次性购买很多东西也有地方存放

· 成套收藏保管
· 回收再利用时容易取用

度假用品

夏季
大海·泳池用品
露营用品

冬季
滑雪
滑板用品

全年
旅行箱
野餐垫

其他

临时保存用品
婴儿床
婴儿用玩具

可回收物品
旧报纸
纸箱
小孩的手工材料

通到天花板的橱柜能有效提高收纳的便利程度

尽管定做了橱柜式储藏间，可为何物品依然到处杂乱无章？这可能是由于可使用空间没有得到充分利用，收纳动线不够顺畅。作为对策首先要把需要进行一元化管理的物品做份清单，接下来再决定物品的固定位置。

烦恼 2

没有被利用的储物间成为不毛之地

2 解决方法

导入开放式不锈钢搁架，变身为"看得见的收纳"空间

即便拥有橱柜和储藏间，如果没有章法地一味填塞，不知道什么东西放在哪里，结果物品依然会到处乱放或散乱在客厅和餐厅。但是，按照储存空间的大小，仅仅使用结实的不锈钢搁架就能让物品的状态发生戏剧性的改变。关键点是在架子中固定了物品各自的位置。使用让库存物品可视化的钢架，可让物品的使用及增减情况一目了然，使管理变得更加容易。

希亚女士家里的收纳案例
储存空间篇

橱柜中的一侧是每天使用的衣柜架。相反一侧由于不便开门，放置了季节性的家电和棉被。度假用品和过节衣物，使用频率低的箱包等也放置在这里。

使用钢架的收纳范例

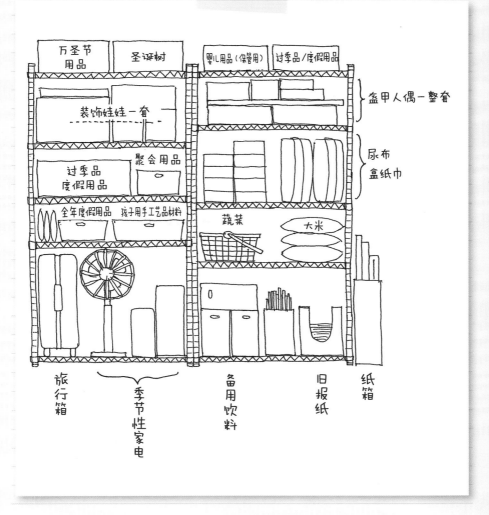

万圣节用品　圣诞树　　婴儿用品（保管用）　过季品/度假用品

装饰娃娃一套

盔甲人偶一整套

过季品度假用品　聚会用品

尿布盒纸巾

全年度假用品　孩子用手工艺品材料　　蔬菜　　大米

旅行箱　　季节性家电　　备用饮料　　旧报纸　　纸箱

鞋柜中的最佳位置

因为使用频繁所以需要
在收纳中保留一定的富余空间

全家人每天必须穿换的鞋很容易让整理鞋柜成为负担。如果说整理鞋柜的要点是把经常穿的鞋放在富余且容易整理的位置，那么，容易整理的位置是哪里呢？

烦恼1

家人自己
不整理自己的鞋

烦恼2

收纳空间
无法满足鞋的增多

鞋柜里使用方便的位置在这里

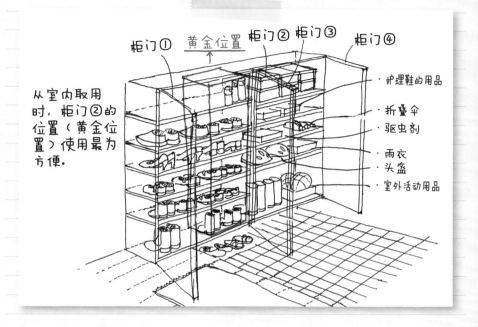

柜门① 黄金位置 柜门② 柜门③ 柜门④

从室内取用时，柜门②的位置（黄金位置）使用最为方便。

· 护理鞋的用品
· 折叠伞
· 驱虫剂
· 雨衣
· 头盔
· 室外活动用品

1 解决方法

根据鞋柜门打开的方向划分易于取放的空间

如图所示的双开门鞋柜，门向玄关开启的一侧使用最为方便，可在这里收纳平时常穿的鞋。因为开门方便，所以对防止鞋乱放具有良好效果。里侧看不见的地方，适合放入穿着频率低的鞋及护理鞋的用品等。

2 解决方法

不要把所有的鞋都放在玄关

如果是容量小的鞋盒式收纳，可以选择将常穿的鞋放在这里，其他鞋作为备用放在玄关以外的地方保管。聚会用鞋和度假用鞋等平时不穿的鞋可作为季节性用品放入储藏间，而没用的鞋则可直接做淘汰处理。

烦恼3

因为鞋不便取放，
结果直接脱在玄关
不做收纳

3 解决方法

不必使用
可以上下叠放的鞋架等用品

是否为了把所有的鞋都放入鞋柜而将每层的鞋架都塞满，或者使用了可以上下叠放的鞋架等便利用品呢？为了能养成良好的收纳习惯，关键需要保持收纳的富余空间。每层鞋架的上方至少留出取放鞋的富余空间，且鞋的左右也要保持一定程度的空余，这样收放鞋时才不会有负担。

每层鞋架的上方，为了方便
取放鞋应留出富余空间。

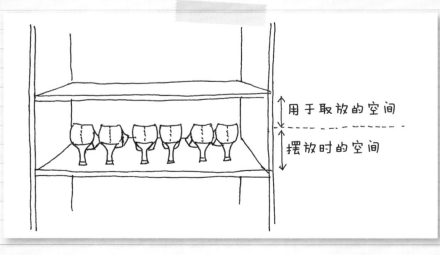

用于取放的空间

摆放时的空间

2

摆脱在家务中
独当一面的角色，
为了能轻松顺心地收纳整理

不会收纳可能是因为不能够完全审视自己。
如果能从内心加以改变，使人『烦躁的要素』也定会消除。

审视自己对收纳整理的 ☑ 理解度清单

为什么不会整理呢？先找出自己的弱点吧

A

- □ 希望家人一直都身处收拾得干干净净的房间里
- □ 从年轻时起就常被人说做事认真
- □ Mail和Line如果不以自己的回复为结束语就会心有欠缺
- □ 不愿意麻烦别人
- □ 上学时担任过班干部或者学生会干部
- □ 只要认为是正确就完全投入到其中
- □ 被公认字迹工整漂亮
- □ 擅于按照手册进行工作
- □ 尊重领导意见
- □ 认为收纳整理注定是自己的工作

A、B、C清单中，打勾数量最多的就是你的类型。请在下页中确认一下自己属于哪种类型。

B

- ☐ 由于丈夫是不爱收纳整理的人，所以房间总是不干净
- ☐ 不允许撒谎
- ☐ 有时候别人的评价会低于自我评价
- ☐ 经常会有"如果当时如何如何就好了"的想法
- ☐ 经常发现别人的缺点
- ☐ 在店里爱提意见或爱抱怨
- ☐ 认为喜欢宠物狗的人里没有坏人
- ☐ 家人中自己属于最会收纳整理的
- ☐ 不愿意虚心倾听别人建议
- ☐ 认为孩子的缺点源于自己的伴侣

C

- ☐ 难以拒绝店员的推荐
- ☐ 容易烦躁不安
- ☐ 不擅长办公室工作
- ☐ 会忘记时间沉迷于自己的爱好中
- ☐ 一听说是限量品，附带赠送就想要购买
- ☐ 即便不收拾又能怎样反正也不会死
- ☐ 丢三落四
- ☐ 经常被认为天然呆，自己却绝对不认同
- ☐ 经常听不全别人的话
- ☐ 房间马上快脏乱到无法忍耐之前才收拾打扫

"都怪我没收拾房间"

这种类型的人坚信收纳整理非自己莫属，认为自己承担所有家务是理所当然的。责任感过重造成要做的事情堆积如山，结果无法全部完成时便会导致情绪低落……你是不是中枪了呢？收纳整理不只是主妇一个人的事情。为了一直都能够舒心生活，重要的是让共同居住的所有家人都分担起家务。首先，在为未能收纳整理而烦恼之前，建议您自己先"卸下责任感的包袱"。

"没有收拾房间又怪谁"

选择此项多的人"为什么丈夫不能收纳整理""孩子不愿意整理跟父亲一样"等，是不是一直都在指责别人呢？一想到家务活为什么只有自己做就感到极为不爽，在此之前，建议家人对此有什么样的想法互相进行讨论一下可能会更好一些。也许是你的收纳整理的标准过于烦琐，才导致别人无法完全完成。

"不明白为什么会散乱"

是不是总是心无定数，在做一件事时又想起做另外的事情，最后连最初该做的事都忘记做了呢？把圆珠笔扔在厨房，文件放在洗脸池周围等，有一些粗心马虎的倾向。如果经常在收纳整理途中转身去做其他事情而导致收纳整理半途而废的话，那么就先将完全收纳整理好的状态拍下保存起来，等到下次收纳整理时用于参考，再现照片里的状态会让家务更容易顺利地进行。

改变 "必须扔掉" 的观念

一提起收纳整理，很多人马上就联想到"断舍离"的"扔掉丢掉"，然而这并不正确。对每个物品加以考虑并做出如何对现有物品的收纳及归类才算是收纳整理。

整理要点
01

"收纳整理" 不等于 "扔掉"

人只有在心情愉悦舒畅的时候才愿意去收纳整理。有些人只要认为是不需要的东西就会一个接一个地扔掉，这么做可能会有畅快淋漓的感觉。但如果扔掉东西会感到"痛"，那么这种行为对你而言就已经超出了收纳整理的范畴，可能真的变成一种痛苦的事。

如果感到痛苦，那么每天只收拾一点就不会感到负担。为不会整理而烦恼的人其实并没有对收纳整理抱有负面情绪。例如，"不扔东西就不是收纳整理""为东西堆积如山而感到羞愧"，其实这些只是自己的想法而已，收纳整理最好的时机是在自己心情好的时候。

整理要点

02

不扔东西
也可以收纳整理

　　不知道如何整理，即不是因为东西过多也不是因为舍不得扔东西。不收拾不整理，是由于每天使用的物品中混杂着根本不需要的东西，或者按种类分好类的物品中夹杂着其他种类的物品。

　　在开始收纳整理之前，对哪个区域的什么感到困惑，想如何更好地利用空间，想更方便地取用哪个物品，即使不放在这里也可以的是哪个物品等问题，不要急于给出答案，最好咨询其他人后再做决定。应把"想要使用的东西放在用起来最方便的位置"作为最优先考虑的条件，而对于"虽然不用但想放在身边的个人收藏品"，可以找专门的地方保管。

打造自己和家人都可以遵守的收纳整理规则

总是想着"必须要彻底收纳整理"，就会传染给家人焦躁不安的情绪，造成全家人都"不喜欢收纳整理"。收纳整理的关键在于制定无须牵强、不需努力的"宽松规则"。

整理要点

01

以无须介意
物品凌乱的房间为目标

有很多让收纳整理难以顺利进行的原因之一就是潜意识地想要"彻底收纳整理房间"。这种"潜意识欲求"实际上起了反作用。仅仅因为潜意识造成目标设置过高而难以实现的后果，便会产生严重的焦躁情绪。

同样，家人也会形成"潜意识欲求"，大幅度提升收纳整理的标准。但是收纳整理是为了让全家人身心愉悦，构建方便快捷取出必要物品的环境，而并不是要像高级酒店，连边边角角都做到尽善尽美。所以根本不需努力，尝试以"无须介意物品凌乱的房间"为目标吧。

整理要点
02

在收纳整理
规则不健全时人就会烦躁

　　那么"无须介意物品凌乱的房间"到底是什么样的呢？首先可以掌控散乱的范围，如果把玩具的收纳盒及绘本书架紧凑地摆在客厅的一角，孩子即使尽兴地玩耍玩具也不容易散乱到房间的入口和餐厅区域，而且物品放回原处变得简单，房间也能够轻松地恢复原状。采用一些简单的收纳规则，如将电视遥控器放入篮子里，学校的卷子资料等不分种类地都暂时放在吧台下面的箱子里，衣服尽可能地采用悬挂式收纳等。仅仅如此，物归原处的难度就会下降，收纳工作就会变得轻松，对散乱也就不会那么敏感。

正因为处在产假和育儿假期间，才要尝试聘请家政服务人员

现今，女性的工作方式发生了很大变化，停职留薪休产假和育儿假的人逐渐增多。假期中时间较多，是制定收纳整理规则难得的时期。

整理要点
01

在时间和精力上都有富余的产假和育儿假是最佳时期

无论在父母家休产假然后再返回自己家，还是从开始就一直在自己家，在适应新添家庭成员的生活之前，对房间的清扫和整理自然会犯拖延症。这个时期也正是其他人来家里模拟示范做家务的好机会。

一旦假期结束就会每天忙于工作、育儿和家务，会有一些人手忙脚乱地去找家政服务，所以推荐尽可能在假期尝试聘请一次家政服务员。当其他人来家里时自己及家人会感到轻松悠闲。

得到专业人士
帮助的好处

　　如果在育儿假里已经适应了照顾孩子，那么接下来就必须要为返回工作岗位做准备了。包括对工作内容的学习，准备通勤用衣物，决定将孩子托放在哪里等的准备。其次审视自己在恢复工作后能否顺利地做好承担自己目前的家务和整理房间的工作也是有必要的。

　　如果一些家务难以得到丈夫的配合，可以考虑聘请家政服务员。房间整理交由职业家政服务做，其优势是通过专业人士可以得到合适的收纳建议。如果在恢复工作前丈夫和自己都能便捷地使用房间，今后也一定能够在很大程度上减少为收纳整理所耗费的时间和精力。

在复职前让丈夫
担当起分内的家务

育儿假中即便丈夫不参与家务自己也能得心应手，可一旦开始
上班情况就会完全不同，因此需要丈夫至少把分内的家务承担
起来。促使丈夫分担家务的有效方法，还是"制定收纳整理的
规则"。

整理要点
01

每天"早饭"
所需食材放在固定位置

　　照顾孩子、化妆等这些事务足够忙一早上，根本无暇顾及为丈夫准
备早饭。如果丈夫能够每天担当起做早饭的家务，那么繁忙的早晨一定
会得到一定程度的缓解。

　　因此，把早餐所用的食材归总放在篮子里，并将篮子的位置固定，
便可二人分担做早饭的职责。如果早餐确定为面包、香蕉、红茶，那么
妻子负责把这些食材放到篮子里，摆放到吧台或者餐桌的固定位置上。
早晨，丈夫负责烧开水泡红茶，烤面包，准备香蕉，通过家务规则的制
定让做早餐变得更加容易。

收放衣服
简单化

家务工作中频率较高的是洗衣服和叠放衣服。尤其是有小孩的家庭，衣服洗好后没有时间整理，经常堆在客厅沙发上。肯定很多人也无数次想过至少丈夫的衣服让他自己来整理吧。

首先，衣服不容易整理的原因之一是"叠起来收放"。每天叠衣服确实很烦琐。如果衣服以悬挂收纳为主就能减轻负担，整理也能明显地变得容易。如果想让效果一直延续下去，可将最容易挂衣服的位置让给丈夫，以便减少操作程序，降低他们认为收纳难的心理门槛。

不要把大人的物品
放入孩子的空间里

小孩大约在3-4岁时开始对整理有记忆，也是在这个时期小孩的自立心理一点点萌发。不要错过这个时期，让小孩也能自然而然地收纳整理，家长也需要为支持孩子的行动营造良好的环境。

整理要点
01
创建一个
只属于孩子自己的空间

经常有家长咨询孩子坚持保留自己不用的东西这类事情。像婴儿时期的玩具、不用的纸本等，每次想处理掉的时候孩子都会加以阻拦。问题产生的背景大多是因为没有属于孩子自己的专有空间。

例如，即便给孩子配置了专用书桌、房间和橱柜，可父母还是经常把自己的杂志、书籍、衣物混在其中，或以其他目的占用孩子的书桌等。

虽然父母本意是给孩子创造专有的空间，可孩子却不认为这个空间专供自己所用。实际上最重要的是提供给孩子一个能够自身管理的空间，而大小并不是问题。

整理要点
02

让孩子
自己管理

　　没有空间专属感的孩子会经常产生无论东西放在哪里都无所谓的心态。即使被告知物品的收纳区域他们也不会按要求放置物品，这显然与是否拥有自己的专有空间有很大关系。而且，一旦被指出"为什么要放在这里""已经不需要了吧，快扔掉吧"，就很容易在孩子的心理上产生被否定的感觉。

　　对于玩具区、图书架、书桌等父母为孩子准备的空间，应该让孩子自己去管理，父母不要为了方便自己而去加以干预。很多孩子都会因为拥有自己的空间而欢喜，并且收纳整理得井井有条。

和孩子一起收纳整理玩具

从1岁到入学，孩子的玩具会爆发式增长。如果有两个孩子，那么数量还会翻倍。收纳空间转眼间就会不够用，在来不及收纳整理之前应先培养以孩子为主，家长和孩子共同收纳整理玩具的习惯。

整理要点
01

哥哥姐姐
实际是在忍耐

　　家里有了第2个孩子，即便是年幼的哥哥或者姐姐或许也在忍耐中度日。由于弟弟或妹妹的存在而不能以自我为主玩耍，弟弟或妹妹的玩具到处散乱失去了自己的空间。并且哥哥或姐姐还要谦让弟弟或妹妹，不再独享父母的爱，因此偶尔会发发脾气吧。

　　尽管父母容易分心在弟弟或妹妹弄乱的房间，但为了不降低孩子收纳整理的热情，应尽力确保哥哥或姐姐的"独立空间"。哥哥或姐姐自己使用的物品能够随时取用，父母的物品，弟弟或妹妹的物品不要混在其中。

整理要点
02

让孩子学会
收纳整理的要点

要让孩子记住如何收纳整理，为孩子准备独立的空间是很重要的。但尊重孩子的意志不等同于无条件地妥协让步。规定了孩子的空间，作为父母应该理解在"规则""数量""空间"的原则上，起到引导孩子创造自己的空间作用。

另外，以为让孩子记住收纳整理就能够"减轻父母负担"是父母的误区。孩子因有自己的空间而产生非常积极的热情，对空间管理的习惯也会一点一点养成。一旦孩子自己开始收纳整理，无论多么微不足道也要给予表扬并一同分享快乐。

为了让丈夫参与家务，
首先要分析
"丈夫是何种收纳整理类型"

对房间的凌乱表示不以为然的丈夫，不收拾不整理房间的丈夫，经常听到妻子非常生气却无奈诉说的丈夫。不收拾不整理的丈夫大致可分为4种类型。弄清楚这点，是丈夫能顺利参与到共同创建良好环境的先决条件。

整理要点
01

改变收纳整理的
机制发生的两种变化

　　大幅度改变收纳整理的机制会发生两种变化，分别是"正的变化"和"负的变化"。正的变化表现在空间的形成，空间会更宽敞，物品的取用会更方便等。但负的变化主要表现为空间的丧失，空间会变得狭窄，物品的取用也会变得不方便。

　　在不跟丈夫解释说明就直接收纳整理的情况下，有可能会导致丈夫产生"自己的空间被缩减"的负的反应。如果能先了解丈夫的收纳整理类型，或许能得到丈夫非常痛快地参与及协助。

丈夫的类型与隐藏的真心话

丈夫的收纳整理技能

丈夫的行动
- 根据自己的想法摆放物品，但根本看不出已整理过
- 经常抱怨"没有整理"

丈夫的行动
- 能做的时候做，仅做自己能做的

被否定类型

丈夫的真心话
"跟妻子说不通"
"无法放松"
"没有自己的位置"

关键是水平匹配

志同道合类型

丈夫的真心话
"没有什么不满"

关键是相互配合·水平匹配

夫妇共同分担家务程度

关键是相互理解调节

丈夫的行动
- 收纳整理不如孩子
- 从来不收纳整理房间，而且从没意识到问题

丈夫的行动
- 遵守已经定下来的家规
- 虽然能够收纳整理，但最后还是妻子重新做

事不关己类型

丈夫的真心话
"与妻子类型无法匹配"
"妻子一直都焦躁神经质"
"妻子的要求过高"

遗憾的努力者类型

丈夫的真心话
"总是被否定让心灵很受伤"
"虽然很努力却得不到评价"
"不知道如何是好"

对丈夫的观察认知
是否不够全面

通过分析丈夫类型是否注意到了什么？是的，感觉丈夫不配合收纳整理，是因为妻子和丈夫之间的沟通不足。为了让夫妇之间相互配合及在水平上尽可能达到一致，这里把需要注意的事项加以总结。

整理要点
01

如何让收纳整理技术优秀的
丈夫萌生"整理意识"

丈夫擅长收纳整理，但夫妇之间却没有充分沟通，难得的整理技巧没有得到发挥，结果房间收纳整理得也不尽人意。有整理技巧的丈夫一般逻辑思维性强，因此先跟丈夫客观性地阐明为什么要收纳整理房间是很重要的。

例如，孩子入学前夫妻双方都想为孩子规划出一片空间，这个共同的目标在讨论收纳整理时成为强大的武器。而且，有必要听取丈夫为什么感到困惑又有什么期待。可先列出自己现在的不满和问题，然后再寻找共同解决问题的方法。

整理要点
<u>02</u>

如何提升配合型丈夫的
"整理技术水平"

　　现实生活中有很多这样的夫妇，尽管丈夫愿意做整理和清扫，但水平较差造成妻子的不满。因此，在打消丈夫来之不易的热情之前，应该先检讨现在的房间是否能够让丈夫更容易地收纳整理。

　　为了避免让丈夫产生难以理解或不顺手的整理规则，首先需要降低规则门槛的高度。如果规则对丈夫来说容易理解，操作简单，夫妇俩无论哪方都可以单独进行收纳整理时，这基本接近于理想状态。必要时，妻子可考虑更改规则来配合丈夫收纳整理的技术水平。

制作夫妇分工表，把握家务总量

夫妻二人共同生活的家中，会定期制作家务分工表并不断进行修改。看到清单后会更加清楚家务中的大小各要素所在。即使过去认为称不上家务的小事，其实在不知不觉中已经成为一种负担。请一定要尝试制作各自家庭的家务分工表。

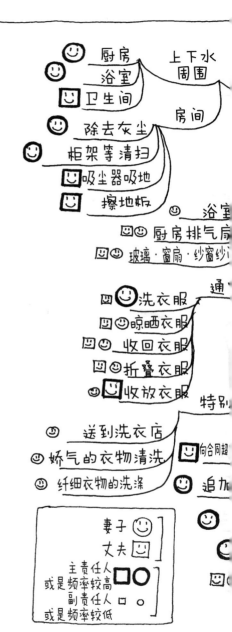

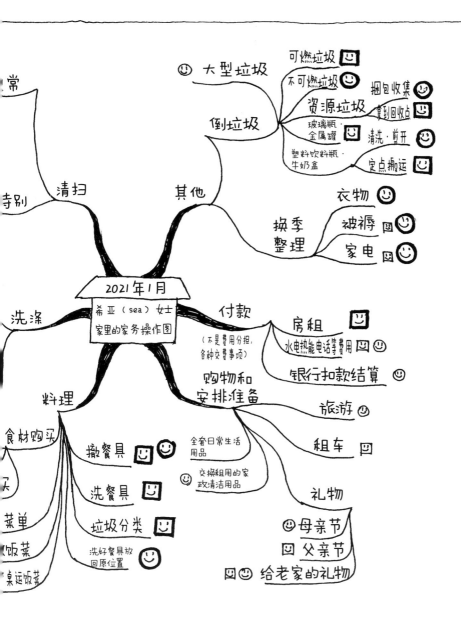

可燃垃圾

不可燃垃圾

资源垃圾

玻璃瓶·
金属罐

塑料饮料瓶·
牛奶盒

捆包收集

拿到回收点

清洗·剪开

定点搬运

大型垃圾

倒垃圾

其他

清扫

常

寺别

洗涤

衣物

换季
整理

被褥

家电

2021年1月
希亚（sea）女士
家里的家务操作图

付款

（不是费用分担，
各种交费事项）

房租

水电热能电话等费用

银行扣款结算

旅游

组车

购物和
安排准备

料理

食材购买

天

菜单

饭菜

桌运饭菜

撤餐具

洗餐具

垃圾分类

洗好餐具放
回原位置

全套日常生活
用品

交换租用的家
政清洁用品

礼物

母亲节

父亲节

给老家的礼物

如何处理丈夫的个人收藏品

对女性来说不大熟悉的卡通人物、铁道模型等很多都是丈夫的个人收藏品。不实用又不能扔掉还占用空间，让很多女性伤透了脑筋。怎样才能解除这样的烦恼呢？

整理要点
01

别把个人收藏品
当作不良嗜好品

　　首先最不能单方面强求丈夫扔掉他的个人收藏品，就像妻子非常喜欢名牌纸袋，专门用来装入一些小礼物一样。本想"在将来的什么时候使用"的物品如果被另一方直接扔掉会引起不必要的误会，这样一想就能理解个人收藏品的价值所在。

　　在双方互相扔掉对方东西之前，如何利用好对方珍爱的个人收藏品，作为伴侣不仅为对方考虑周全，而且会增进夫妻感情。如果对方想把个人收藏品作为展示品也尽量顺其所愿，但是作为交换的条件是放弃不常用物品的陈列。积极地尝试与丈夫进行交流吧！

设定夫妻
共同的目标

在建议丈夫减少个人收藏品种类放弃一部分陈列品后，需考虑家人全体收纳整理的平衡性，明示今后家人的生活方式等，妻子也应该表现出让步的姿态。

要丈夫理解并非只有他在承受"失去喜爱物品的痛苦"。

这时有效的方法是找出夫妻共有目标。"为了孩子"这个名义很容易成为共同目标，互相让出空间减少所持物品，移动和添置家具等操作，让家务做起来变得更容易。

丈夫在家庭中的
位置和作用

"丈夫在家里时间少，难以抽出时间收纳整理"的想法是不正确的。即使时间很短，如果想要在家中保持心情舒畅愉快，就必须要提高收纳整理的意识。如果想要改变丈夫，首先要改变妻子自己的意识。

整理要点
01

不要夺走
丈夫在家里的位置

现实中很多家庭中，丈夫更多时间都是在外面奔波，与妻子相比花在家务上的时间和精力较少。家里的收纳责无旁贷地落到在家中时间较长的妻子身上。但越是如此越应该让在外奔波的丈夫感受到家庭的温馨安逸。

丈夫如果经常在家里静不下心，无所事事，可能造成在家的时间进一步减少。在家里的存在感越来越少，作为一名家庭成员的责任感也会随之降低，当然也很难对收纳整理有所关心。为了防止这种现象发生，为了完善家庭功能，有必要在家里为丈夫提供一个安心舒适的位置。

事实上"家务中独当一面"
并不是丈夫造成的原因

在家里找不到位置的丈夫当然不会积极地帮忙收纳整理。妻子只会一味地责备丈夫帮不上忙却找不到解决办法，于是只好包揽所有家务，而丈夫自然而然地被排斥于家务之外。最后会导致妻子在"家务中独当一面"。妻子一个人承担家务也并非完全是丈夫的责任，与丈夫分享家务是解决问题的第一步。

正因为丈夫在家里的时间少，才会让丈夫在有限的时间里发挥作用。刚开始可以先让丈夫做一些倒垃圾等简单的家务。在改变丈夫之前，主管家务的妻子有必要先改变意识。

观察家人分别属于
哪种"整理类型"

每个人都有自己的个性，所以每位家庭成员都有适合自己的整理方式。要点有两个，其一每个人都应有自己的公共空间，其二没有必要模仿别人做不适合自己的收纳整理方法。

整理要点

01

保证家人
都拥有自己的私人空间

　　即便是在妻子、丈夫、孩子或者爷爷奶奶组成的家庭里，都绝对不能忽略家人各自的私人空间。小一点也没有关系，只要是自己一个人的空间就有安全感，而且，对收纳整理也更有责任心。让人感到意外的是家务最多、在家时间最长的妻子，却很少拥有自己的私人空间。

　　为孩子建立起专属的玩具收纳区域和学习用品柜架等，不要将父母及兄弟姐妹的物品混放在里面。丈夫的个人收藏品及公文包等要放置在自己的空间中。妻子本身也应该有自己的空间。仅仅如此，每天做家务的动力就会变得完全不一样。

房间的使用方法
及物品的量因家而异

　　有的客户因为羡慕室内装饰杂志和电视上介绍的优雅家居，就要求自己家也做此类家居设计。首先杂志和电视只是为了取得更好的视觉效果，将实际生活的一部分剪掉。即便照样板房设计，实际的布局、物品的数量也会完全不同，并且生活方式的不同得到的效果也完全不同。

　　各个家庭在房间使用方法、家具摆放等方面都会有所不同，适合每个家庭成员的收纳和整理方式也千差万别。如果真的想要模仿某个家居设计，正确的做法是采用其中一部分令人满意的设计要素即可。

让所有人都
使用5分钟重置收纳术

5分钟重置收纳术并非在一间整齐完美的房间中使用。即使房间里物品散乱也能够立刻恢复原状，并且房间本身很难再变得凌乱，建立起收纳整理的规则是收纳整理的目标。

整理要点
01

想改变规则
先要确认家人的意愿

　　家人每天生活的房间中物品理所当然在不断增加。生活中最常见的类型是见缝插针，结果连自己也记不住哪里放了什么东西。不仅仅是简单地扔掉，怎样收纳增加的物品即是收纳整理的难点也是值得挑战的重点。

　　为了能够收纳好增加的物品而需要改变收纳整理的规则时，有一件事千万不能忽略。就是所制定的收纳方式必须要反映家人的意见，尊重家人的意愿。虽然未必会满足所有的愿望，但通过与家人进行充分的交流，家人会对各自的空间产生感情，可以使以后的收纳整理也变得顺利起来。

整理要领
02

不要把收纳整理得非常完美
作为目标

"直到完美得一尘不染时才停止收纳整理"……很多人都以此作为收纳整理的目标,但只要每天正常生活,房间被收纳整理得完美无缺几乎不可能。理想越高收纳整理起来就越费时费力,反之更会陷入一种即便杂乱无章也懒得动手的恶性循环中。

制定收纳整理规则是指家庭全体成员创建一个让物品取用变得更加轻松便捷的环境,让收纳系统变得清晰明了。基于这样的规则,空间内的物品即便散乱也能保持在控制范围内,即便不去进行彻底地收纳整理也不会让人太在意。

整理要点
<u>03</u>

是否忘记了
互相谦让呢？

　　曾经见到有关收纳整理的书籍和网站，推荐如何叠衣服和收衣服以及如何在收纳箱上贴标签等详细规则，如果未与家人进行充分的沟通交流，即便传达了这个规则，恐怕也很难得到对方的配合。在收纳整理时的确要改善房间状况，但成功的关键在于与家人的沟通。

　　在进行收纳整理的过程中必须要确认丈夫和孩子的意志，而且有必要将自己发现的问题整理出来。仅仅依靠家人无法得到满意的效果时，请听取专业家政服务人员的意见。

3

成功的房间改造计划

移动家具或者大规模布置房间时应该怎么办？如何着手？下面介绍一些事先准备事项及技巧。

将家居中感到不便和
不满之处挑出来

即便是简单改造房间也不能突然心血来潮地召集家人对房间进行大规模重新布置。事先有必要考虑清楚改造房间的目的及做到什么程度。

是否有不便
和不满意的地方

　　不能没有目的没有理由地改变房间中家具摆放的位置。如果有明确的希望和想要消除的烦恼，那么成功的概率就会增大。例如，有小孩的家庭有以下共同点。

　　1. 客厅里每天都散乱着玩具

　　2. 待洗衣物堆积在沙发上，没有地方可以坐

　　3. 餐桌上摆放着大量书籍，不便用餐

　　4. 别人送的衣物及玩具找不到相应的收纳空间

　　如果感到类似烦恼，说明已经到了要改变家具摆放位置的时期。

如果发现不满意的地方
应该怎么办

当感觉到有不方便不满意的地方时，应先站在全家人的角度去考虑利弊之后再决定是否应该改变家具摆放的位置。

当玩具常常散乱在沙发上就需要考虑"给孩子最喜爱的玩具找到一个能够轻松取放的区域"。对孩子来说，好处是有自己专用的区域也加强了责任感。坏处是孩子专用区域的增加使大人的空间相对减少，而且也容易造成散乱。重要的是需综合权衡利弊，以理解接受重新摆放后的状况。

 重新摆放
家具位置的3个关键点

对于何时改变家具位置可先从现在的收纳状况加以考虑。

1. 衣服和文具等，同类物品分开放在不同的地方；

2. 物品没有固定的放置地点；

3. 虽然有固定位置，但使用不便；

第一种情况容易记不清有什么物品放在哪里，家里本来有存货却再次购买的可能性大。

第二种情况将物品放在顺手的位置也能成为改善收纳的契机。

第三种情况收纳规则过于复杂，这也成为收纳不方便的主要原因。

伴随生活的变化
重新摆放家具的位置

尤其是有孩子的家庭生活会发生数次巨大变革。在这个变化时期，改变家具摆放位置更容易获得成功。下面列举几个重大变化时机。

· 搬家

· 孩子入学

· 怀孕

· 回归职场前

众所周知搬家是更换物品的最佳时期。另外，在孩子入学时期学习用品会突然增加，这种生活上的变化也往往会成为改善收纳的时机。怀孕中，回归职场前，都可利用妻子在充足的时间中重新布置家具。

事先选好共同改造房间的搭档并制定计划

对家具的摆放位置进行大规模调整恐怕一个人难以完成。如果从容易的地方尝试去做，需要决定是由一个人，还是夫妻二人，或者是专业人士担当，这个最初的步骤是取得成功的关键。

从容易着手的地方去做

　　说到房间改造，自然会与添置家具、设置橱柜等大规模改变家具位置的问题挂钩。如果从改变家具摆放位置着手，一旦发现不如意时很难恢复原状，所以推荐从简单的地方和物品着手。

　　例如，叠放衣服的收纳较多，可以适当增加不用叠直接放入式或者悬挂式的收纳方式。虽然简单但生活的动线将发生非常明显的变化。把可有可无的收纳门拆掉，或者把取放物品的空间多腾出来一些，将大幅度提高使用便利性。

根据搭档改变
房间改造的实施方案

　　改造房间时难免需要人手。如果决定一个人做，就有必要选择"时间充足的时期，准备把孩子暂时交给别人照看"。

　　若夫妇二人合作，则首先要目的明确，一味地强调自己的想法，不妥协很容易争吵不休。当然两人合作的好处是速度快。

　　如果不知道从哪里着手，或者由于恢复工作或孩子升学在时间上受到限制时，可以考虑寻找专业人士帮助。凭借第三方的眼光发现家居中存在的问题，可以更放心一些。

变换家具位置及 置办新家具时的要点

在重购家具或改变家具位置前，首先应该"试运行"，最好是 先摆放临时用的家具试用，以防购买失败或位置发生改变。

 深思熟虑 家具的用途

在新购家具时理所当然地要把握好尺寸，慎重考虑是否能够放入预 计的位置。如果家具带有柜门等，还需要考虑可动部分的回转空间。容 易忽略的是家具带有压迫感。结构厚重复杂的家具，在视觉上会比本身 的尺寸显得还要大。

如果放置新家具的房间和新家具的尺寸正好吻合，在使用时就会觉 得非常方便。而且，为了能充分发挥家具的功能性，不要在用途上对家 具加以限制。买的时候本来是厨房用家具，但放在浴室里也可能非常合 适，类似的情况时有发生。

不要急于
重新添置家具

    新添置的家具貌似让房间内家具显得摆放很成功，但如果收纳等功能没有得到改善，那么出资毫无意义。

    装衣服用的两层或三层简易橱柜也可以放在厨房装餐具，处理旧家具之前，考虑能否在其他地方再次利用，同时也能够节省费用。

    如果有非常中意的家具必买无疑时，建议给新家具预留地方，暂时放置代替的家具试用。这样就不会出现尽管地方腾出来，可实际使用并不方便的问题。

改造房间的准备工作

为了改造房间需要先收拾房间，从家具里翻出所有物品，挑选分类，移动家具后再把物品放回……各种家务相应而生。不要指望一次性全部完成，重要的是一点一点不断进行。

不要指望
一下子全部做完

  刚才我们提到过改变家具摆放位置时需要做各种准备工作。在开始大规模改变家具摆放位置之前，有几点要注意的事项。首先，1天只针对一个地方收纳，时间在3小时以内。一旦开始行动就会有不愿停下来的倾向，请避免一直做到深夜。

  改造房间前的整理工作中有很多人还不习惯判断物品的去留及移动沉重不便的物品，对身心两方面都是一种考验。这种情况不论是自己还是夫妻，抑或是专业人士共同操作时也是一样。建议分成几天分步进行操作。

哪些是现实生活中
很实用的物品？

・纸壳箱，45L装垃圾的塑料袋（物品分类用）

・塑料绳，剪子，宽胶带（处理不要的物品时使用）

・螺丝刀全套（改变柜子架板位置时使用）

・抹布2~3块（擦去家具移动后留下的痕迹和空柜子的灰尘）

・家里面多余的收纳箱（大小种类不同的箱子，利用起来会更加方便）

・用来分隔收纳柜内部的纸袋和箱子（如果事先能准备好大小不同的纸袋和箱子，会更便利）

找到能顺利进行
操作的方法

在改变房间家具摆放位置时，重要的是事先计划好能够让操作
顺利进行的步骤。掌握全部的工作量，并能把握当日的进度，
那样计划就容易实现。

改变房间家具
摆放位置的步骤

1. 确保从现在的收纳空间取出物品时有充足的空间用于摆放

2. 将收纳空间里的物品全部翻出来

3. 按照"①每天使用的物品""②使用频率较高的物品""③虽然不用但这次暂且保留""④放手，送人的物品"分类

4. 将①和②暂且放在收纳空间容易够到的位置，实践拿出和放回的操作，调整隔板位置，最后确定

5. 将③紧凑地集中到一起

6. 将③放在收纳空间里不容易够到的位置

7. 淘汰④，或者送人

步骤1~2的
操作方法

　　大规模改变房间家具摆放位置的时候，新添置家具的情况较多。例如想购买衣柜是因为现在的衣物太多放不下。

　　改变房间中家具摆放位置的第一步，是把衣柜里即将流出来的衣物和深藏在衣柜里的衣物全部取出。

　　因此，需要确保将步骤1的所有物品在翻出后能有展开的空间。因为物品已经拿出来展开摆放了，在视觉上可以把握衣物的总量。优点是立刻就能知道谁的衣物最多，也方便对好多年没穿过的衣物进行处理。

步骤3~4的
操作方法

从收纳中取出并展开所有物品后，接下来就开始步骤3的分类。先大致分成使用中的物品和未使用物品，再将使用中的物品又细致地分为：①每天使用的物品②偶尔使用的物品。未使用过的物品分成：暂且保留的物品和需要处理的物品。这样就能够很好地把握物品的总量和种类。

从分好类的物品中挑出①和②，暂且放入新准备的收纳家具里面。使用频率高的物品要放在最容易取用的前侧。在确认了取出放回的便捷度后，再利用暂时用的箱子等装入。这里的要点是箱子的高度要设置得低一些，一是为了能够看到物品，二是放入物品时也更加方便。

常用　　　　保留　　　　处理丢弃

步骤5~7的
操作方法

关于③虽然很少使用但暂且不做处理的保留品，由于没有必要经常取出放回，因此可以放在收纳死角。

在收纳不使用物品时没有必要留有富余，保留品尽可能紧凑收纳。如果新家具没有空间，可以放入储物间里。

关于已经决定扔掉和送人用的④物品，可以利用跳蚤市场、网站等售出，或者问问熟人以便尽快送出。

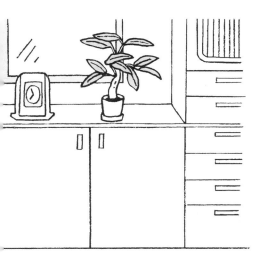

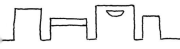

从实际生活出发，
找到需要改善的地方

对房间进行改造，当家具位置固定，物品重新放入柜中后，还并不算完成。首先，要在实际生活中使用一段时间，以便发现、改善及解决问题。另外，还要结合家人的成长过程，尽可能地做到最适合当时情况的家具摆放位置，这是通向成功的必要步骤。

无法顺利进行时
可以适当改良

　　放置好家具后内部也暂且先放入物品，接下来几天为试用期间，在实际生活中去体验使用是否方便，而不是说家具放置好后就不管不顾。正因为有了试用这种想法，才让量身定制的个性化完全成为可能。或者，也可以发现放置的位置是否方便等问题。

　　试用新的收纳家具不仅要检查自己使用时是否方便，还要观察家人的反应如何，并听取意见等。自己感觉很好，而家人使用时却感到不便的情况也会发生，这时可以考虑相应地增加收纳用具来解决问题。

结合生活
房间也要随之发生变化

如果能顺利决定家具的配置，今后舒适的生活能一直延续也就无可厚非了，但往往只过了几年生活方式就会发生显著的变化。尤其是孩子小的时候，变化快得让人无法跟上节奏。

现在认为家具的摆放位置是最佳，今后却不一定是最佳。伴随孩子不断成长，原来放物品的房间可能要改成儿童房，或者添置人口时，结合生活中发生的变化，房间也会不断地变化。如果能让房间中家具的摆放位置成为一种享受，才能真正称得上是"擅长收纳整理"。

不要忘记那些承载家人珍贵回忆的展示品

与当今社会过度追求功能性空间背道而驰的是推崇极简的生活方式。但收纳整理不是扔掉物品，而是和物品一起巧妙地生活手段，同时不能忽略家人的美好回忆，让家充满温馨平和。

展示照片
增加家人的亲情

现实中很多人只重视房间的功能性，而让生活缺乏滋味。如果在家务中稍微花些精力，装饰些孩子的手工艺品、绘画、家人照片等，会让家庭内变得更温馨平和。家人的回忆就是创造"家"本身，至少我是这样认为的。

4

依靠收纳整理房间，可将空间利用率提高到新层次

在本章中使用插图对实际生活中申请家政服务的客户收纳前后的效果予以详细具体的对比说明。

将家中的一室
改造为夫妻衣帽间

家庭简介

30多岁的双职工夫妇和一个1岁男孩儿的三口之家，住在东京都某公寓。

委托事宜内容

现在妻子在育儿休假中。小孩儿出生后由于原住宅狭窄搬家到这里，但是搬来后半年，搬家时用的纸箱还依然没有整理，希望能够帮助解决。

收纳后

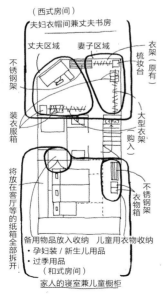

（西式房间）
夫妇衣帽间兼丈夫书房

丈夫区域　妻子区域

衣架（原有）

不锈钢架

梳妆台

大型衣架（购入）

装衣服箱

不锈钢架
衣物箱

将放在客厅等的纸箱全部拆开

备用物品放入收纳　　儿童用衣物收纳
·孕妇装／新生儿用品
·过季用品

（和式房间）

家人的寝室兼儿童橱柜

收纳前

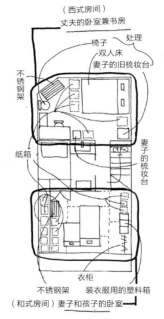

（西式房间）
丈夫的卧室兼书房

椅子　　处理
双人床
妻子的旧梳妆台

不锈钢架

纸箱

妻子的梳妆台

衣柜

不锈钢架　　装衣服用的塑料箱

（和式房间）妻子和孩子的卧室

100

处理掉不要的物品，
提高收纳效率

　　申请人从搬家到孩子出生以后，房间还没来得及彻底收纳整理就马上要准备恢复工作了，所以申请了家政服务。房间里的收纳空间很少，基本上都装在纸箱里，物品也该找到它们的位置了。

　　处理掉占位置的双人床、多余的椅子、旧梳妆台后，让一家三口睡在带榻榻米的和式房间，将带地板的西式房间作为夫妻的衣帽间，衣架是通顶的伸缩式大型衣架。

　　将夫妇的衣物集中到一处后洗衣服的动线也变得简单了，能够大幅减少恢复工作后的家务负担。搬家以来备用物品都紧凑地放在纸箱里纹丝未动过，经过整理可全部处理掉。

管理
要点

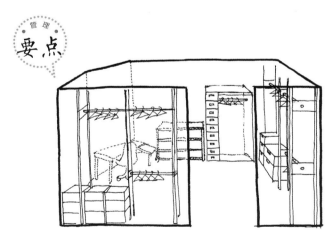

（西式房间）为了能更有效地利用有限的空间，特采用"充分利用空间高度"的通顶伸缩型衣架。

让厨房里的物品
更容易取用

家庭简介

30多岁的双职工夫妇和5岁男孩及3岁女孩的四口之家，住在埼玉县的某公寓。

委托事宜内容

想让厨房变得更加方便使用，尤其是想让餐具更容易取用。

客厅侧收纳

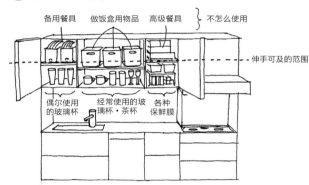

备用餐具　做饭盒用物品　高级餐具　不怎么使用

偶尔使用的玻璃杯　经常使用的玻璃杯·茶杯　各种保鲜膜

伸手可及的范围

靠墙侧收纳

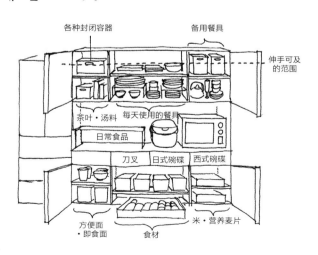

各种封闭容器　备用餐具

伸手可及的范围

茶叶·汤料　每天使用的餐具

日常食品

刀叉　日式碗碟　西式碗碟

方便面·即食面　食材　米·营养麦片

将经常使用的餐具
放在触手可及的位置

　　被业主委托的工作内容是餐具摆放得不规则，以致使用时不得不挨个翻找柜门抽屉，或者放在最里面不容易取出。

　　主人原本是喜欢做料理的人，并按照季节性和主题性购买了大量的餐具，但是因为现在比较繁忙，许多餐具只能沉睡，这样可以将使用频率低的餐具尽可能地集中到一起收纳在不常取用的地方。

　　由此腾出的收纳空间可用来存放经常使用的餐具及食品等，摆在触手可得的位置，而且最好在物品之间多留些间隙，以便能够更加方便快捷地取用。

　　爱人喜爱的杯子和方便面也放在容易取用的固定位置。一旦使用方便自然会受到好评。

厨房整体图

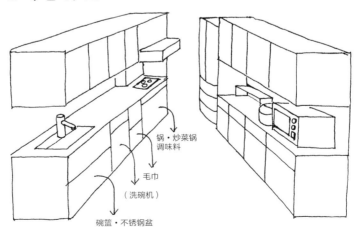

锅·炒菜锅
调味料

毛巾

（洗碗机）

碗篮·不锈钢盆

让容易散乱的儿童房
变得更加舒适

↑ 家庭简介

30多岁的双职工夫妇和6岁女孩
及2岁男孩的四口之家，住在东
京都的某公寓。

💬 委托事宜内容

玩具总是散乱在各处，儿童房无
法彻底收纳整理

收纳前

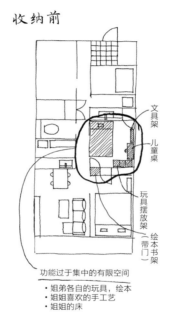

文具架

儿童桌

玩具摆放架（带门）

绘本书架

功能过于集中的有限空间

- 姐弟各自的玩具，绘本
- 姐姐喜欢的手工艺
- 姐姐的床

收纳后

妈妈在厨房时能够
相互交流

变更家具位置
玩具和绘本容易取放

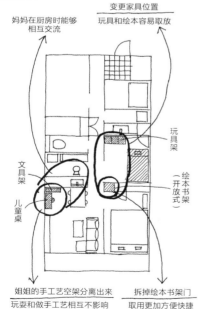

玩具架

文具架

儿童桌

绘本书架（开放式）

姐姐的手工艺空架分离出来

玩耍和做手工艺相互不影响

拆掉绘本书架门

取用更加方便快捷

将孩子专用工坊
设置在客厅

　　感到头疼的是姐姐的房间总是散乱，而且进入房间时需要绕过床铺很不方便。

　　原因分析，有限的空间内配置的家具过多，床所在的位置有问题。因为姐姐非常喜欢做手工艺，因此首先将挡在入口的床铺移动到墙壁一侧，儿童桌搬到客厅，将这里单独作为做手工艺的工坊。从厨房看这里一目了然，家长做料理时也能够更安心。玩具集中收纳在一处，高度的设置也合理。拆掉绘本书架门后，使用时更加方便。姐姐能够更加专心地在自己的专属区域内做手工艺，她也表示非常高兴满意。

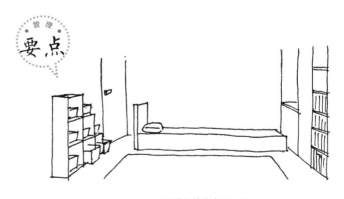

管理要点

玩具和绘本容易取放
= 容易玩耍，容易收纳整理

橱柜门的开关难易度
决定了收纳物品的类型

↑ **家庭简介**

40多岁的双职工夫妇和上高中的大儿子及上5年级的小儿子的四口之家，住在埼玉县的自建房。

💬 **委托事宜内容**

苦恼客厅的橱柜使用不便。

家人共用的客厅柜架

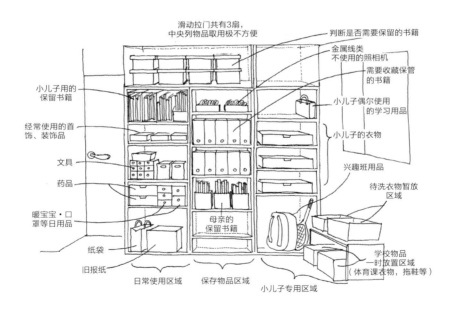

滑动拉门共有3扇，中央列物品取用极不方便

判断是否需要保留的书籍

金属线类

不使用的照相机

需要收藏保管的书籍

小儿子用的保留书籍

经常使用的首饰、装饰品

文具

药品

暖宝宝·口罩等日用品

纸袋

旧报纸

小儿子偶尔使用的学习用品

小儿子的衣物

兴趣班用品

待洗衣物暂放区域

母亲的保留书籍

学校物品一时放置区域（体育课衣物，拖鞋等）

日常使用区域

保存物品区域

小儿子专用区域

橱柜用于
收纳不经常使用的物品

　　客厅里摆放的定制大型橱柜收纳了从书籍到内衣等各种用品，希望家政服务能够教授有效的管理方法。

　　橱柜因使用滑动门，柜中间不便使用，所以在柜中间收纳了使用频率较低的书籍和金属线类。因橱柜距离房门近，柜门开关频率较高的区域就可以用来放置母亲的首饰、药品和文具。由于小儿子还没有专用房间，因此在容易开门但离房门远的一侧就可以用来收纳小儿子的学习用品和衣物。

　　并且，原来放置在客厅的写字台，因为客厅显得狭窄移动到了二层，这样学习区域和整装区域分开，房间就变得更加简约使用方便了。

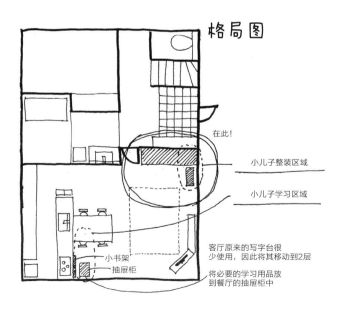

格局图

在此！

小儿子整装区域

小儿子学习区域

客厅原来的写字台很少使用，因此将其移动到2层

将必要的学习用品放到餐厅的抽屉柜中

小书架

抽屉柜

姐姐的专用空间
换来全家人生活的富余空间

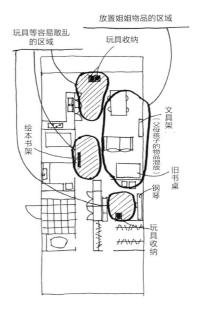

收纳前

放置姐姐物品的区域

玩具等容易散乱
的区域

玩具收纳

文具架
（父母孩子的物品混放）

绘本书架

旧书桌

钢琴

玩具收纳

家庭简介

30多岁的双职工夫妇和7岁的大女儿、1岁的小女儿及0岁弟弟的五口之家，住在埼玉县的某公寓。

委托事宜内容

无法为孩子们打造出更富余的空间。

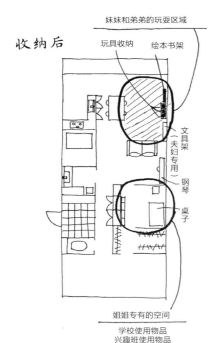

收纳后

妹妹和弟弟的玩耍区域

玩具收纳　　绘本书架

文具架
（夫妇专用）

钢琴

桌子

姐姐专有的空间

学校使用物品
兴趣班使用物品
自己专用文具放置区域
文件资料保管区域

将客厅里的玩具收纳区域
集中到一处

　　玩具收纳分布在客厅各个角落，玩具和绘本容易到处散乱，为每天的收纳整理增加负担。并且得知姐姐没有自己的专用空间，学习用品和玩具经常被一起放置在房间的各处无法找到。

　　首先，将客厅的玩具集中到一处。让客厅的一角作为弟弟妹妹们的专用空间，这样玩具的散乱范围就能得到有效控制。姐姐的房间里尽可能地少放父母的物品，学习用品等都放在触手可及的地方。姐姐因有了自己的空间非常喜悦，出门前丢三落四的次数也随之减少，父母和孩子都感到很放松。

姐 姐 的 房 间

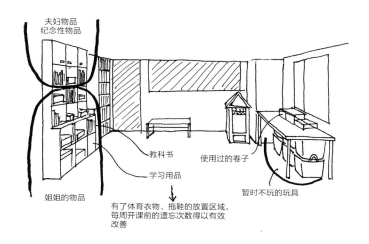

夫妇物品
纪念性物品

教科书

使用过的卷子

学习用品

姐姐的物品

暂时不玩的玩具

有了体育衣物、拖鞋的放置区域，
每周开课前的遗忘次数得以有效
改善

日式橱柜，
能够轻松收纳溢出的物品

↑ **家庭简介**

30多岁的双职工夫妇和7岁男孩
及5岁女孩的四口之家，住在东
京都的某公寓。

💭 **委托事宜内容**

日常用品收纳告急，兄妹二人的
玩具成灾。

和式房间的壁橱空间

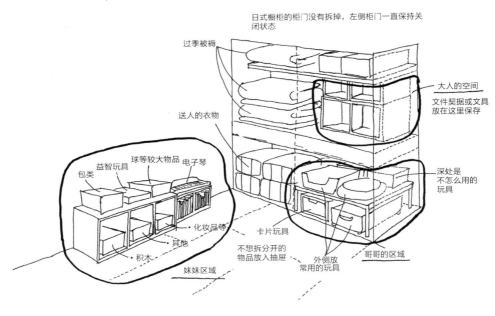

日式橱柜的柜门没有拆掉，左侧柜门一直保持关闭状态

过季被褥

送人的衣物

大人的空间

文件契据或文具放在这里保存

球等较大物品 电子琴

益智玩具

包类

深处是
不怎么用的玩具

化妆品等

其他

卡片玩具

积木

不想拆分开的物品放入抽屉

外侧放常用的玩具

哥哥的区域

妹妹区域

玩具和资料
集中放入日式橱柜

　　客厅旁的和式房间里虽玩具泛滥，但从总量上看玩具的数量并不是很多，主要原因是没能有效地归纳整理，收纳玩具的箱子太小及玩具箱本身没有固定位置而临时被放置在各个角落。

　　首先，扔掉橱柜内不要的被褥，把占据空间的装饰娃娃和头盔及装饰品转移到其他的房间或者储藏间。富余的空间上方放入夫妇的书籍，下方收纳大儿子的玩具，作为玩具的专用放置区域。

　　另外，客厅吧台的下方还有富余，可用来放置使用频率较高的文具、护理用品及家人的箱包。如果使用方便，家人一定会非常喜悦。

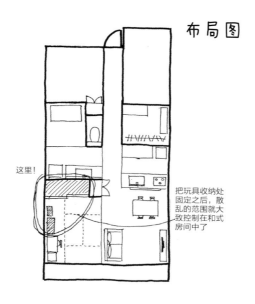

布局图

这里！

把玩具收纳处固定之后，散乱的范围就大致控制在和式房间中了

"无家可归"的箱包可以放到吧台下方

厨房吧台下方

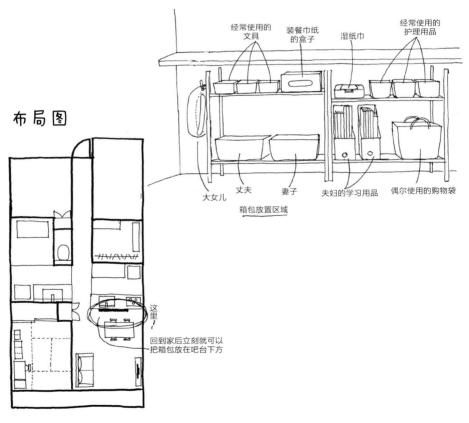

经常使用的文具

装餐巾纸的盒子

湿纸巾

经常使用的护理用品

布局图

大女儿

丈夫

妻子

夫妇的学习用品

偶尔使用的购物袋

箱包放置区域

这里！

回到家后立刻就可以把箱包放在吧台下方

5

房间收纳成果验证——收纳整理实例集

访问为不知该如何收纳整理而烦恼的客户。

在客户面前实际演示收纳整理的技巧。

给物品安排好固定的放置区域，提升收纳动线

田中阳子（化名，32岁）是名精明能干的职场女性。每天除了在IT企业上班外，还要照顾4岁的儿子和2岁的女儿，并担负所有的家务。但夫妻双方都很忙，无论如何也难以将房间收纳整理得井井有条，不得不发出请求。物品不断增加，见到空的地方就塞进去，结果哪里放了什么东西，连自己都记不清了，咨询该如何解决问题。

收纳前

客厅内侧的工作区占据了很大的面积。
阳子在家中也要办公，烦恼的是各种文件资料不断增加，堆得越来越高。

收纳后

里侧增设了一个2层3列的箱柜。桌子后面也稍微留出一些空间以增添开放感。

需求 1

希望工作区内只保留必要的物品

收纳前（步入式衣帽间）

文具放到衣帽间，取用文具需多次往返于衣帽间和写字台之间，貌似很不方便。

收纳前（卧室）

工作资料带到寝室。工作用物品没有集中到一处，据说也很不方便。

收纳后（卧室）

分开放在衣帽间和寝室的办公品被集中在一处。

收纳后

笔和办公用品集中在这里。坐在椅子上直接就可以取出。

需求 2

希望散乱在客厅里的玩具变得井井有条

收纳前

客厅里放置玩具和儿童衣物的架子。玩具从箱子里取出后十分不易整理。

收纳后

由于玩具架的容量较小，因此在架子下方设置了容量大的盒子，不必费心费力就能够把玩具完全放入，"轨道列车"也可以放入盒中。这样，即便是孩子也能够简单地收纳整理玩具。对于容易散乱的玩具，粗略性的规则连大人也会满意。

收纳后

将哥哥和妹妹的衣服分开放入各自的箱中并转移到寝室。这样，因为距离洗衣机更近，所以收纳动线更加快捷。

收纳后

收纳衣物时衣架中要注意留出一定的空间。如果塞得太满，孩子、大人都无法轻松取用也会导致消极对待收纳整理。

需求 3

收纳空间的位置过高，使用不便，非常希望得到改善

收纳前

阳子身高只有150cm，伸手踮脚也够不到收纳处。经常使用的物品和很少使用的物品都杂乱地放在这里。尽管也感到不便，但是因爱人可以帮忙取放，于是就保持原样未改善。

收纳后

在物品完全暴露的空间里可放置浅色的盒子，再按照种类分开收纳。仅仅如此空间就显得整洁有条理。注意装在里面的物品要稍微露出一点，以防止物品去向不明。架子的里侧还可用于收纳别人赠送的陶器。

使用频率低但不是完全不用的客人的杯子和纸碟，以及不用的饭盒等收纳在这里。

需求 4

希望更加方便地取用厨房中的碗碟

收纳前

厨房下面收纳柜的上方塞满了大号盘子。准备料理时连爱人都抱怨"太不方便"。

收纳后

改变橱柜中的分隔位置，利用装文件的盒子装碗碟来改善取用物品的方便程度。中层因添置了"ㄱ"字形的架子就又多出了一层收纳空间。

需求 5

现在收纳物品的房间将来希望作为儿童房使用

收纳前

应急用品和闲置的婴儿床等都散乱地放在儿童房中。至今儿童房一直被用来不断地堆积闲置物。

收纳后

寝室中爱人的书籍连同书架都转移到了将来的儿童房里，在成为孩子专有房间之前，作为爱人的房间使用。处理掉闲置的婴儿床后，爱人因有了自己的房间非常开心。

需求 6

希望步入式衣帽间用起来更加方便

收纳前

爱人和阳子的衣服都被收纳在步入式衣帽间里，但因为收纳空间不够，所以除自己的衣物，其他人的衣物都直接堆在了柜顶上。

纸袋和箱包等物品都放置在衣帽间的下方，收纳效率不是很好。

收纳后

衣帽间里的文具被转移到了工作区，取而代之的是将厨房里经常使用的存货移动到此。由于旁边就是厨房，这样做的优点是一旦有需要时就可以立刻来取。

添置同系列抽屉，非应季的衣服全部收纳在抽屉里。通过透明抽屉来管理，就可以省去找衣服的麻烦。

需求 7

希望增加储藏间的收纳能力

收纳前

玄关旁有一个储藏间，不经常使用的物品都直接放在了地板上，导致储藏间的里面并没有被利用，所以难以把握物品放置的位置。

收纳后

纸壳箱和尿不湿等集中收纳。在这次整理中，还找到并处理掉了闲置的宠物垫，腾出了地板空间。

希亚女士的收纳整理技术
实践篇2

将一个房间
改造成储藏间

宫田园子（化名）是名30多岁的职业
女性，有一个上小学一年级的儿子。爱
人因工作原因只有周末回家。园子女士
负责销售，工作繁忙没有时间收纳整理
房间，因此请求帮助。

玩具角

还没开封的"轨道列车"可直接收纳在
这里

在客厅里设置玩具角建立孩子专用区。孩子因有了自己
的专用空间而非常开心。只要扔到里面便能完成收纳的
方法简单易行，孩子已经能自己主动收纳整理玩具了。

抽屉右侧是爱人的专用
空间。这里专门装入了
寄给爱人的信件和物
品，联络事项也因此能
够顺利传达。

客厅
Living

使堆满了洗好的衣服、连落脚的地方都没有的客厅变得
清爽干净的秘诀就是重新利用差点被扔掉的玩具收纳柜

客厅矮柜

抽屉专门用来装入爱人的物品

客厅矮柜里装的都是很少使用的物品，重新整理后放入一些经常听的CD和杂货等。上层添加了隔板，使空间得到了充分利用。

橱柜内工作空间

将餐厅椅子转向橱柜的新设想

向反方向调转餐厅椅子的方向，打开橱柜柜门，工作的专用空间就出现了。柜门内有电脑和打印机及文具。

与工作相关联的书籍放在橱柜内部的电脑旁边。闲置的简易小柜子作为书架横向放置。

橱柜前方是通向阳台的入口，被褥夹子等物品也放在这里。以前放在各处的洗晒用物品都集中到这里，需要时立刻就可以取出使用。

存放孩子
学习用具

有了专用空间让取用更轻松

因为孩子还小没有必要独自睡儿童房，不过一旦进入小学就需要有放置学习用品的区域。孩子在餐厅写作业，于是在桌边放置了学习用品架，可以把双肩包、课本、考试卷子等都放在这里。

大人用的书架

分类整理，便于取用

从前被塞进纸箱里长时间无人问津的书，也都放进了为圆子新增设的书架上。书架上空闲的空间可以陈设孩子的作品。曾经的死角也被好好地打理了一番。

餐厅
Dining

改造了一个较大的柜子，使其能充分发挥功效。从放置电脑的工作桌到洗涤用品都能纳入其中。

不锈钢置物架

重点是使用了到天花板的
不锈钢置物架

挂衣架的另一侧设置了放置户外用品、行李箱等大
型物品的不锈钢搁架。水、碳酸饮料及孩子们的体
育用品也都可以整理放置在此。

挂衣架

悬挂式收纳作为主流收纳方式，让每天的整理变得更轻松

工作用西装、孩子的上衣、爱人的衣物等，使用频率高的可以集中挂到这个衣架。尽量减少叠衣服的动作，因为是挂起来的收纳，所以基本看不到散乱的衣物。

儿童衣柜不要塞得过满

只放每天穿的衣物

至今孩子的衣物，洗涤后要么放在客厅里，要么堆积在寝室里。把富余房间作为储藏间使用时，可将孩子的衣物全都集中到这里。也许大人、孩子都知道衣物是集中在这里的，所以基本不会发生找不到衣物的现象。

储藏间
Stock Room

在原本被纸箱、不穿的衣服及杂货等堆满的房间内，设置了家用衣物架并腾出了储存空间。